国家自然科学基金面上项目（41671142）
地理科学国家级一流本科专业建设点　等　资助

近六百年华北地区霜雪灾害与寒冷气候事件研究

孟万忠　孟佳颖◎著

气象出版社
China Meteorological Press

内容简介

霜雪灾害和极端寒冷气候事件，不仅在明清小冰期全球气候寒冷背景下频发，而且在近百年来全球气候变暖的背景下仍然不断发生，给农业生产、人类活动等造成严重不利影响。本书采用历史文献分析、数理统计、小波分析等方法，从地理学、历史学、社会学等多学科角度，对华北地区近六百年霜雪灾害发生的周期规律、时空变化特征、影响因素、成因等方面进行了系统研究，并对其社会响应方面进行探讨；对气候变化与霜雪灾害的关系、华北地区冬季风活动的灾害效应及发生机制进行研究；对明清小冰期与近百年来两个时段不同的气候背景下的霜雪灾害与寒冷气候事件进行了对比性研究。本书对认识较长时间尺度和较大空间尺度下的气候变化规律，预测未来灾害发生的趋势，减少灾害带来的损失，具有重要意义。

本书可供从事地理、气候、历史、灾害、农业、环境等相关专业的科研人员和高等院校师生参考。

图书在版编目（CIP）数据

近六百年华北地区霜雪灾害与寒冷气候事件研究 /
孟万忠，孟佳颖著. -- 北京：气象出版社，2022.9
ISBN 978-7-5029-7812-9

Ⅰ. ①近… Ⅱ. ①孟… ②孟… Ⅲ. ①霜－气象灾害
－研究－华北地区②雪－气象灾害－研究－华北地区
Ⅳ. ①P429

中国版本图书馆CIP数据核字(2022)第167253号

Jin Liubai Nian Huabei Diqu Shuangxue Zaihai yu Hanleng Qihou Shijian Yanjiu
近六百年华北地区霜雪灾害与寒冷气候事件研究

出版发行：气象出版社

地　　址：北京市海淀区中关村南大街 46 号	**邮政编码：**100081	
电　　话：010-68407112（总编室）　010-68408042（发行部）		
网　　址：http://www.qxcbs.com	**E-mail：**　qxcbs@cma.gov.cn	
责任编辑：彭淑凡	**终　　审：**吴晓鹏	
责任校对：张硕杰	**责任技编：**赵相宁	
封面设计：艺点设计		
印　　刷：北京中石油彩色印刷有限责任公司		
开　　本：710 mm×1000 mm　1/16	**印　　张：**10.25	
字　　数：201 千字		
版　　次：2022 年 9 月第 1 版	**印　　次：**2022 年 9 月第 1 次印刷	
定　　价：45.00 元		

前 言

　　近六百年来，全球气候发生了重大变化。明清时期，全球气候进入了一个寒冷时期，通称为"小冰期"。20世纪初期小冰期结束后，全球进入增温阶段，全球地表平均温度大约升高了0.85℃；中国气候变暖趋势与全球一致，升温速率明显高于同期全球平均水平，1901—2017年，中国地表年平均气温上升了1.21℃，北方增暖幅度大于南方，冬季增暖幅度大于其他季节。尤其是1951—2019年，平均每10年升高0.24℃，几乎是全球平均数的2倍。全球气候变化反差如此巨大，对华北地区这样一个气候敏感的生态脆弱带所产生的环境效应十分突出，不仅影响植物生长和农业生产，而且给社会经济的发展带来严重的后果。

　　当前，全球变暖已成为全人类普遍关注的焦点问题之一，而对于全球气候变暖背景下的霜、雪、低温灾害与寒冷气候事件却往往被人们所忽视。2008年1月，我国南方出现大范围低温、雨雪、冰冻灾害天气。2009年初，北美和欧洲大部多地出现严寒天气；2009年11月，中国北方遭遇60年一遇的暴雪。2012年1月，欧亚多国遭遇极寒天气。2015年11月，中国北方地区出现大范围降温天气，河北保定、山东济南等113个监测站的最低气温跌破1961年以来11月最低气温纪录。2016年1月，受强冷空气过程影响，全国已有346个气象站发生极端低温事件，陕西华山、山西汾西、山东日照、山东威海等17站日最低气温突破历史极值。2020年12月至2021年1月初，在强寒潮影响下，北京、河北、山东、山西、陕西等省份共计60个气象观测站的最低气温突破或达到建站以来的历史极值。这些极端寒冷气候事件与灾害的发生，使我们不得不重新认识全球气候变化，在现代气候变暖的大背景下更应该关注寒冷气候事件与霜雪低温灾害。

　　华北地区是中华文明的发祥地之一，是中国政治、经济、文化兴盛之地；是中国众多自然、人文地理分界线汇集的区域；是一个气候敏感脆弱区，气候变化过程与机理复杂,在全球气候系统中具有独特性。秦岭淮河线是1月平均气温0℃等值线、年800 mm等降水量线、亚热带与暖温带分界线、温带季风气候与亚热带季风气候分界线、湿润地区与半湿润地区分界线,并且是中国北方与南方的分界线。司马迁划分的龙门碣石线(龙门为今山西河津市和陕西韩城市之间黄河两岸的龙门山,碣石在今河北昌黎县西北),是年400 mm等降水量线、我国季风区与非季风区的分界线、半湿润区和半干旱区的分界线、森林植被与草原植被的分界线、农耕区与畜牧业区的分界线,沿此线修筑的长城是农耕文明与游牧文明的分界线。太行山脉是黄河流域与海河流域的分水岭、是中国第二级阶梯与第三级阶梯的分界线、黄土高原与华北平原的分界线。华北地区是冬季风、夏季风的通道,独特的地理位置和地形地势,使其成为影响中国气候变化的关键区域,对其气候变化和霜雪灾害的研究是中国气候变化研究的重要组成部分。在春、秋两季的过渡季节,如果冬季风势力过强,借助西北向东南倾斜的地形,倾泻而下,极易引发寒潮、霜雪低温等寒冷气候异常事件的发生。

由寒冷气候引发的霜雪低温灾害事件,严重地破坏了经济社会发展的环境和条件,危及人民生命财产安全。灾害的规模、发生频率、危害范围、影响程度在蔓延扩大,人为灾害与环境灾害也不断显现,重发展、轻减灾的现象普遍存在,对灾害理论、过程、规律和防灾减灾的研究存在很多薄弱环节。因此,认识灾害,了解其过程,把握其规律,控制并减轻未来灾害的发生,已经成为学界面临的一个重大现实问题。任何事物的发展都有一定的历史规律性,对华北地区近六百年霜雪低温灾害的研究,遵循灾害成因→过程→规律→管理决策的思路展开,揭示较大空间尺度上灾害发生的季节、时空分布规律等,对于把握灾害发生的机制,冬、夏季风异常活动产生的灾害效应等具有重要的科学意义。认识历史时期霜雪低温灾害的发生、发展规律,总结人类与灾害作斗争的经验教训,对于防灾减灾,规范人与自然的关系,规范人类的行为,保护人类的生存空间,按照自然规律指导人类的生产实践活动,促进社会生产的发展,具有重要的现实意义。

本书主要内容如下:第1章绪论,主要阐述国内外气候变化与霜雪灾害的研究进展,研究区域和时段的选择,研究方法和数据的处理。内蒙古地区由于明清时期资料欠缺,仅对近百年来的霜冻与雪灾进行了研究;河南地区由于地理纬度偏南,霜雪灾害发生次数较少,频次较低,研究难以成行,因此,选择明清时期与农业生产相关的水灾、旱灾、蝗灾与霜雪灾害一并进行研究。第2章主要阐述了北京、天津、河北三个地区近六百年霜雪灾害的时空变化、周期规律与寒冷气候事件。第3章主要阐述了山西地区近六百年霜雪灾害的时空变化、周期规律与寒冷气候事件。第 4 章主要阐述了山东地区近六百年霜雪灾害的时空变化、周期规律与寒冷气候事件。第 5 章主要阐述了内蒙古地区近百年来霜冻灾害与雪灾的时空变化、周期规律、发生条件和原因。第 6 章主要阐述了河南地区与农业生产相关的水灾、旱灾、蝗灾与霜雪灾害的时空变化、周期规律、发生条件和原因。第 7 章主要阐述了不同时代和气候背景下灾害的影响与应对，明清小冰期霜雪灾害多发、易发，对粮食安全、人口、社会经济影响显著。近百年来在全球气候变暖对华北地区初、终霜日的影响，导致无霜期延长，霜雪灾害的发生减少，但进入 21 世纪以来各类极端寒冷气候事件频发仍需高度关注。

这本专著是笔者主持的国家自然科学基金面上项目（41671142）的总结性成果，在项目实施的过程中，课题组成员刘晓峰、刘敏、任世芳等老师，孟佳颖、王亚辉、周丽、赵丽、高英霞、魏靖宇、白玉萍、郝小刚、双静如等同学都作出了重要贡献。本书能够成功出版，离不开气象出版社的大力支持，在此一并表示诚挚的谢意！

本书得到了以下项目的资助：国家自然科学基金面上项目（41671142），地理科学国家级一流本科专业建设点，人文地理与城乡规划山西省一流本科专业建设点，自然地理与资源环境山西省一流本科专业建设点，山西省"1331 工程"重点学科提质增效计划建设项目——服务流域生态治理产业创新学科集群项目，山西省哲学社会科学规划课题（2020YY234），山西省研究生教育改革研究课题（2020YJJG287），研究生教育教学改革研究课题（SYYJSJG-2157）等。

著　者

2022 年 1 月

目 录 ❄

第1章 绪 论

1.1 问题的提出

关于气候变化，政府间气候变化专门委员会（IPCC）的定义，是指气候随时间的任何变化，无论其原因是自然变率，还是人类活动的结果。《联合国气候变化框架公约》（UNFCCC）中的定义，是指经过相当一段时间的观察，在自然气候变化之外由人类活动直接或间接地改变全球大气组成所导致的气候改变。作为气象气候学专业术语，通常是指长时期内气候状态的变化，用不同时期的温度和降水等气候要素的统计量的差异来反映，变化的时间长度从最长的几十亿年至最短的年际变化。气候平均状态统计学意义上的巨大改变或者持续较长一段时间（典型的为 30 年或更长）的气候变动，不但包括平均值的变化，也包括变率（即离差值）的变化。平均值的升降，表明气候平均状态的变化；离差值增大，表明气候状态不稳定性增加，气候异常愈明显。因此当两者中的一个或两者同时随时间出现了统计意义上的显著变化时，就说明气候发生了变化。气候变化的原因既有自然因素，也有人为因素。其影响是多尺度、全方位、多层次的，负面影响更受关注。对国民经济的影响以负面为主，农业可能是对气候变化反应最为敏感的部门之一。

根据 IPCC 第五次评估报告（IPCC，2014），近百年全球气候变化以增温为主，从 1880 年到 2012 年，全球地表平均温度大约升高了 0.85 ℃，冬半年增温幅度较明显。1983 年到 2012 年，是过去 1400 年来最热的 30 年。中国气候变暖趋势与全球一致，1913 年以来，我国地表平均温度上升了 0.91 ℃，最近 60 年气温上升尤其明显，平均每 10 年升高约 0.23 ℃，几乎是全球平均数的 2 倍。1901 年以来，全球陆地上的降水量没有明显的增加或减少的趋势，但北半球中纬度陆地上的降水量变多了。近百年来，中国年平均降水量的变化趋势也不明显，但年代之间存在明显差异，20 世纪 50 年代到 70 年代，主要多雨带位于华北地区，之后逐渐向南移动到长江流域和华南地区；21 世纪以来，雨带北移。

1.1.1 气候变化与粮食生产

粮食是人类智慧与大自然馈赠的完美结合，是人与自然和谐共存的产物。宋应星《天工开物》第一篇称"生人不能久生，而五谷生之。五谷不能自生，而生人生之"。大自然提供了物种、水、土壤、气候等适宜的资源禀赋，人类通过生产实践活动将其变为可能（图1-1）。

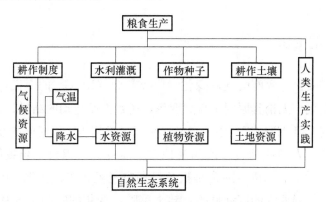

图1-1　粮食生产的相关要素图

粮食生产需要消耗大量的水土和光热资源，降水和气温是粮食生产的两个限制性因子，二者的综合条件是粮食生产的决定性因素。适宜的气温和降水，是粮食稳产或增收的保障。农业对气候变化非常敏感，水分失衡，温度异常，都会不同程度地影响作物的生长发育，进而影响粮食的产量（图1-2）。

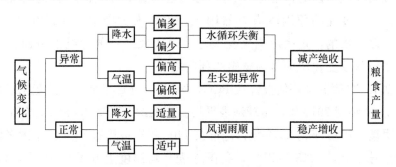

图1-2　气候变化与粮食生产的关系图

气候变化对粮食产量主要不利影响，已导致小麦和玉米每10年分别减产1.9%和1.2%。对淡水资源造成的风险将显著增加，21世纪许多亚热带干旱地区的可更新地表水和地下水资源将明显减少，水资源不足加剧。温度每升高1℃，全球水资源减少影响的人口将增加7%。由于气候变化，20世纪50年代以来，黄河和海河径流减少达50%以上；我国气象灾害造成的损失呈增加趋势，

1990—2013 年，造成的直接经济损失年均值为 2308 亿元。

农作物生长发育需要一定的气象条件，当气象条件不能达到要求时，作物的生长和成熟就会受到影响。由于不利的气象条件造成的农作物减产歉收，称为农业气象灾害。由温度因子引起的有热害、冻害、霜冻、热带作物寒害和低温冷害；由水分因子引起的有旱灾、洪涝灾害、雪害和雹害；由风引起的有风害；由气象因子综合作用引起的有干热风、冷雨和冻涝害等。农业气象灾害是结合农业生产遭受灾害而言的，例如寒潮、倒春寒等，在气象上是一种天气气候现象或过程，不一定造成灾害。但当它们危及小麦、水稻等农作物时，即造成冻害、霜冻、春季低温冷害等农业气象灾害。

1.1.2 霜雪灾害研究进展

霜雪灾害常给农业生产、生态环境、人类活动等造成严重不利影响，其研究得到了学界重视。低温是霜、雪、低温灾害共同的关键致灾因子，因此学界一般将这三类灾害放在一起进行研究，本书霜雪灾害研究就包含了低温灾害的内容。

国内对于霜雪低温灾害进行研究始于 20 世纪 50 年代，从 20 世纪 80 年代中期开始，不少学者对影响中国的气候灾害作了系统的研究，低温冷害研究占有重要的地位。《中国主要气象灾害分析（1951—1980）》（冯佩芝 等，1985）一书全面总结了影响我国的各种主要气象灾害，书中附有 1951—1980 年我国历年主要气象灾害及农作物受灾情况。《中国气候灾害分布图集》（中国科学院大气物理研究所 等，1997），描绘了 1951—1990 年共计 40 年的霜冻、夏季低温、华南寒害、雪灾等 7 种气候灾害春、夏、秋、冬四季发生频率分布图。《中国灾害性天气气候图集》（中国气象局，2007）给出了 1961—2006 年寒潮、东北夏季低温冷害、南方春季低温冷害和秋季寒露风等灾害的完整序列。《中国气象灾害大典·综合卷》（丁一汇，2008）按现代（1951—2000）、近代（1900—1950）和古代（1900 年之前）三个时期，分门别类地汇集了气候灾害原始记录，其中低温冷冻灾害包括寒潮、春秋霜冻和夏季低温。

20 世纪 90 年代前，大部分研究成果把霜冻灾害和雪灾进行独立研究，在霜冻方面文献研究主要集中在霜冻与天气气候特征关系方面以及结合具体区域的特点对其初、终霜冻日的变化进行研究。在雪灾方面，把 RS 和 GIS 应用到雪灾研究当中，在研究区域上主要集中在青海以及西藏地区。21 世纪后，对霜雪低温灾害开始系统地研究某一区域霜雪等级、阶段变化、发生周期。对华北地区的研究成果比较集中，分别对山西（孟万忠 等，2012a，2012b，2012c，2013，2014）、京津冀（王亚辉 等，2017；王亚辉，2018；周丽 等，2017；周丽，

2018）、山东（郝小刚 等，2017；郝小刚，2018；赵丽 等，2018，2019；赵丽，2019）、河南（高英霞 等，2020；魏靖宇，2020）和内蒙古（孟万忠 等，2019，2020）的霜雪低温灾害进行了全面研究，分析表明，春季为雪灾的高发期，夏季和秋季为霜灾的高发期，冬季为冻灾和雪灾的高发期。

国外学者结合不同地域以及对其不同时间段的霜雪低温灾害进行了研究，建立灾害的空间变化模型，用以预测未来发生的概率。

1.2 研究区域

本书研究的区域是华北地区，从自然地理意义讲，一般指秦岭—淮河线以北，长城以南的中国的广大北方地区，包括四个自然地理地貌单元：东部的山东低山丘陵，中部的华北平原（黄淮海平原），西部的黄土高原（山西高原）和北部的冀北山地。行政区划范围包括今天北京、天津、河北和山西的全部，内蒙古的东南部，山东、河南等省份。明代的范围指京师（今北京、天津、河北大部），北平行都司（今河北北部、内蒙古东南部），山西行都司（今山西北部、内蒙古中南部），山西承宣布政使司（今山西大部），山东承宣布政使司，河南承宣布政使司等。清代的范围指京师（今北京、天津、河北和内蒙古东南部）、山西（今山西、内蒙古中南部）、山东、河南等。民国时期的范围指北平、天津、河北、山西、山东、河南、绥远、察哈尔和热河（今内蒙古中南部、东南部）。华北地区是明、清两朝和新中国的首都驻所，是全国的政治、经济、军事、文化的核心区。明代曾是边关重地，九边重镇密布，军民人口众多。地理单元同属于黄土高原和华北平原，气候变化的波动、自然灾害的发生均具有高度一致性的特点。农作物品种相对单一，熟制比较简单，以小麦和杂粮等为主，稻米虽然有一定的播种面积，仅限于水热条件好的地区。

华北地区是一个气候敏感和脆弱区，是中国众多自然、人文地理分界线汇集的区域，在全球气候系统中具有独特性。主要为温带季风气候，夏季高温多雨，冬季寒冷干燥；年平均气温在8~13℃，年降水量在400~1000 mm；内蒙古自治区降水量少于400 mm，为半干旱区域。南界秦岭—淮河线，相当于≥10℃积温为4500℃·d等值线、1月平均气温0℃等值线、年800 mm等降水量线、亚热带与暖温带分界线、温带季风气候与亚热带季风气候分界线、湿润地区与半湿润地区分界线，并且是北方与南方地区的分界。司马迁划分的龙门碣石线（龙门为今山西河津市和陕西韩城市之间黄河两岸的龙门山，碣石在今河北昌黎县西北），是年400 mm等降水量线、我国季风区与非季风区的分界线、半湿润区和半干旱区的分界线、森林植被与草原植被的分界线、农耕区与畜牧业区的分界线，长城（重要的人文地理界线）沿此线修筑，是农耕文明与游牧文明的分界线。太行山脉是黄河流域与海河流域的分水岭，是中国第二级阶梯与第三级阶梯的分界线、黄土高原与华北平原的分界线。华北地区独特的地理位置，使其成为影响中国气候变化的关键区域，对其气候变化和霜雪灾害的研究是中国气候变化研究的重要组成部分。

ENSO（厄尔尼诺与南方涛动的合称，是低纬度的海-气相互作用现象，在海洋方面表现为厄尔尼诺-拉尼娜的转变，在大气方面表现为南方涛动）是全球气候变化的最强信号，也是影响中国气候异常的一个强信号（李晓燕 等，2000，2005）。公元 1500 年以来，El Nino（厄尔尼诺）事件当年，华北干旱少雨，其中心地带在内蒙古、甘肃、青海一带。非 El Nino 年，华北地区原来的干旱区明显收缩减轻，大部分地区呈现多雨情况（张德二 等，1994）。在 El Nino 发生前的冬季，冬季风偏强；El Nino 发生当年的冬季，冬季风偏弱，东亚大陆冷空气南下路径偏东，中国南方多雨；反 El Nino 年，冷空气南下路径偏西，中国南方少雨（郭其蕴 等，1990）。冬季风高压的强度在中国冬季气温的变化中确实起着决定性的作用，偏强则北方偏冷，偏弱则北方明显偏暖（郭其蕴，1994）。

1.3　研究时段

过去全球变化（Past Global Changes，PAGES）是国际地圈-生物圈计划（IGBP）的一项核心研究计划。目标是重建距今 2000 年这段时间（包括小冰期以来的近 600 年）内全球气候和环境变化的详细历史，其时间分辨率至少为十年尺度，甚至达到年际尺度或季节尺度。

小冰期是百年尺度的区域气候异常的规律和成因，是世界气候研究计划（WCRP）关注的焦点之一。小冰期事件是全新世以来的一个重要气候事件，大约从 15 世纪初开始、19 世纪末结束的全球气候寒冷时期，处在中世纪暖期和当前全球变暖期之间，是目前全球变暖和寒冷气候事件发生的气候背景。这个时间段与中国的明、清两朝相对应，因此也被称作"明清小冰期"。因此，小冰期气候的研究是全球气候变化研究的重要组成部分，对预测未来气候具有重大意义。

国际上对于小冰期气候异常变化的研究十分关注，重建的北半球过去 1150 a 温度变化曲线显示，大约 13 世纪开始进入小冰期（Esper et al.，2002）。阿拉斯加的树轮揭示出 1610—1750 年也出现了一次小冰期的冰进（Calkin et al.，2001）。利用高分辨率代用资料对陕西佛爷洞石笋 $\delta^{18}O$ 和 $\delta^{13}O$ 的分析表明，1545—1640 年为冷期（Paulsen et al.，2003）。小冰期加勒比海的海洋表面平均温度比现在低2～3℃（Winter et al.，2000）。南非小冰期的最冷时期，温度比现今低1℃（Tyson et al.，2000）。挪威小冰期时，夏季平均温度比现在低0.5℃（Brooksa et al.，2001）。与气候变暖相关联，20世纪北欧、加拿大和美国的霜冻日数有减少的趋势（Bonsal et al.，2001；Easterling，2002）。

中国学者利用历史文献、树轮、冰芯、石笋等各种代用资料，对中国小冰期以来的气候变化进行了深入研究。中国五千年间的冷暖变化，17世纪最冷，19世纪次之（竺可桢，1973）。中国的小冰期持续至19世纪90年代结束，17世纪20—90年代和19世纪20年代到90年代为最寒冷的时段（张德二 等，1994）。中国小冰期时的平均气温比20世纪暖期平均低1℃左右；太阳活动和火山活动是影响小冰期气候变化的主要因素；北半球高纬和南极地区可能更低，较20世纪暖期低1.5～2℃（王绍武 等，1995）。

小冰期温度偏低，寒冷气候事件与霜雪灾害频发。清代山西地区发生了3次寒冷气候事件，出现2次异常寒冷灾害年（孟万忠 等，2012d）。与现代相比，黄河中下游地区1400—1900年的极端初、终霜冻日期，其差异有随纬度升高而增大的趋势（张丕远 等，1979）。近百年来，全球气候变暖，中国北方（30°N以北）有霜冻的日数在近50年有明显的减少趋势，而霜冻日的平均温度显著升高；春季霜冻日的提前结束和秋季霜冻日的推迟来临使得北方冬季缩短而生长季拉长。年霜冻日平均温度与年平均温度存在显著的正相关关系（马柱国，2003）。华北异常初、终霜冻的发生频率地理分布差异显著（陈乾金 等，1995）。对山西近40年初、终霜日变化特征的研究表明：初、终霜日的出现以及无霜期的长短与地理因素密切相关，随着纬度逐渐偏北、海拔逐渐升高，初霜日提前、终霜日推后（钱锦霞 等，2010）。山西近百年来的霜雪灾害主要表现为2～3年、5～8年和25～35年的周期变化规律（孟万忠 等，2012c）。

寒冷气候事件与霜雪灾害对农作物危害严重，运城地区终霜冻有20%的年份晚于4月1日（正常年份为3月上旬），早霜冻有27.3%的年份早于10月5日（正常年份为11月上中旬）；在棉花播种出苗期，气温不稳定，有66.6%的年份在最低气温10℃稳定通过3d以后，又出现10℃以下的低温3d左右；从苗期到吐絮期出现对棉花发育不良的气温均有10%以上的概率，因此可以认为温度是影响棉花生长的重要因子（史俊东 等，2010）。

过去2000年中包含了小冰期以来的600多年间的气候异常事件，历史文献记载华北地区寒潮、霜雪等寒冷气候异常事件频发。寒冷是引发气候、农业灾害，人为灾难（战争）频发的主要原因。因此，深入研究近600年来华北地区的霜雪灾害和寒冷气候事件的特征、空间变化规律、成因、机制，对于理解百年年际尺度气候变化的规律，预测未来气候变化和霜雪灾害发生的趋势，为人类预防灾害、适应气候变化和应对自然环境压力提供科学与技术支持，具有重要意义。

1.4 数据来源与研究方法

1.4.1 数据来源

史料是历史地理学研究的根本和基础，传统的历史文献资料，包括正史、地方志、档案、文集等都是基础资料。地方志中记录的资料对今天进行社会科学和自然科学的研究具有重要的参考价值。明清时期地方志中关于气象灾害的记录主要来源于本地档案，可靠性较高。今人也对历朝历代的自然灾害进行了整理、收录和分析，出版了大量相关的研究成果。

本研究的数据来源于华北各省各府、州、县地方志，《天工开物》《明史》《明实录》《农政全书》《日知录》《中国三千年气象记录总集》《中国气象灾害大典·山西卷》《中国气象灾害大典·河北卷》《中国气象灾害大典·天津卷》《中国气象灾害大典·北京卷》《中国气象灾害大典·山东卷》《中国气象灾害大典·河南卷》《中国气象灾害大典·内蒙古卷》《中国灾害通史·明代卷》和《中国灾害通史·清代卷》《中国灾荒史记》《近代中国灾荒纪年》《近代中国灾荒纪年续编》《民国史料丛刊》《地方志灾异资料丛刊》《北京历史灾荒灾害纪年》《山东自然灾害志》《山东省自然灾害史》《申报》《中国灾荒史》等收录了历史文献记载的各类气象灾害发生的时间、地点、灾害的程度等详细情况，其中关于华北地区霜雪等气象灾害资料较多，记载详细。

现代的气温与降水数据来源于"中国气象数据网中国地面气候标准值 1981—2010 年"，《中国气象灾害年鉴》《内蒙古自治区志·气象志》《河北省志·气象志》《山西通志·气象志》《天津通志·气象志》《北京志·气象志》《山东通志·气象志》《河南通志·气象志》；地图资料来源于《中国历史地图集》《中国地理图集》和"自然资源部标准地图服务官网"；地形高程和土地覆被数据来源于地理空间数据云；土壤分布数据来源于《中国土壤图》。

由于资料来源不同，对灾害记载的发生频次以及影响范围、影响程度存在不同，会导致统计结果不一。为使统计结果更加准确，本研究在统计华北地区霜雪灾害（包括低温）频次以及受灾县数时，将相关资料相结合并对其准确性进行判断，最后进行统计分析。

由于中国幅员辽阔，不同地区霜雪灾害的等级标准很难统一。2000 年以后中国气象局开始制定中华人民共和国气象行业标准，其中关于霜冻、雪灾的现

行标准是古代气象灾害和气候事件研究中非常重要的科学参考标准。因此，本
研究所确定的霜雪灾害划分等级，参照了中华人民共和国国家标准《牧区雪灾
等级》（GB/T 20482—2017），中华人民共和国气象行业标准《城市雪灾气象等
级》（QX/T 178—2013）中关于雪灾等级划分的标准；参照了中华人民共和国
气象行业标准《作物霜冻害等级》（QX/T 88—2008）中关于霜冻等级划分的标
准。同时结合华北各地不同区域、不同时代灾害发生时作物受灾温度和当地实
际受灾温度，综合考虑灾害发生季节、持续时间、强度、受灾范围，人、畜、
农作物受影响程度的大小和降水量等数据，对所收集整理的灾害进行了比较科
学合理的等级划分。

关于 ENSO 发生年份的统计，目前学者们对 ENSO 事件的划分标准仍不统
一，由于所用到的资料及其范围、采用的指标及其判定标准的不同，再加上
ENSO 事件发生发展的复杂性，使得对历史上发生的 ENSO 事件及其强度的确
认及得到 ENSO 序列年表存在一定的差异。本书采取的是李晓燕等（2015）的
划分标准，中国气象局国家气候中心"ENSO 历史事件统计表"。

1.4.2　研究方法

（1）历史文献法

通过对华北地区霜雪低温灾害资料的收集，整理出霜雪低温灾害相关资料。
本书统一采用阳历公元纪年，历史文献中的年号纪年均换算为公元纪年，在括
号内标注。阳历和阴历在季节分布上不完全一致，春季（2 至 4 月，对应阴历正
月至三月），夏季（5 至 7 月，对应阴历四至六月），秋季（8 至 10 月，对应阴历
七至九月），冬季（11 月、12 月和次年 1 月，对应阴历十至十二月）。

（2）数理统计法

对华北地区霜雪低温灾害发生次数进行年份和季节的统计分析，以各省的
县级行政区内霜雪低温灾害发生频次进行统计分析；根据资料记载，凡是一县
发生灾害，则该县统计一次；若某一地区内多县发生霜雪低温灾害，则该地区
统计记为一次，若记载通省灾害，则所有县各记载一次。

（3）图表法

绘制霜雪低温灾害等级分布图、频次分布图和季节分布图；应用 ArcGIS 绘
制霜雪低温灾害发生频次空间分布图、发生等级空间分布图；霜雪低温灾害频
次与年平均等温线耦合图、灾害等级与年平均等温线耦合图；霜雪低温灾害等
级与高程耦合图、霜雪低温灾害发生频次与高程耦合图；霜雪低温灾害等级与
土壤分布类型耦合图、霜雪低温灾害发生频次与土壤分布耦合图；霜雪低温灾
害等级与土地覆被类型耦合图、霜雪低温灾害发生频次与土地覆被类型耦合图。

（4）Morlet 小波分析

Morlet 提出的具有时-频多分辨功能的小波分析（Wavelet Analysis），为更好地研究时间序列问题提供了可能，它能更加明确地表示出隐藏在时间序列中的多种变化周期，更加完整和系统地反映出在不同时间尺度中事物的变化趋势，且能对事物未来发展趋势进行定性的估算，将小波系数的平方值在 b 域上积分，就可得到小波方差，即

$$\mathrm{Var}(a) = \int_{-\infty}^{\infty} |W_f(a,b)|^2 \mathrm{d}b \qquad (1\text{-}1)$$

小波方差随尺度 a 的变化过程，称为小波方差图。它能反映信号波动的能量随尺度 a 的分布。因此，小波方差图可用来确定信号中不同种尺度扰动的相对强度和存在的主要时间尺度，即主周期。用 Morlet 小波分析对华北地区霜雪低温灾害发生频次进行周期规律研究。Morlet 小波分析可以反映出这一时期霜雪低温灾害的变化周期，可以体现出不同时间尺度中的变化趋势及灾害发生的主周期，对华北地区霜雪低温灾害未来发生趋势进行估计。

（5）四格表 X^2 检验法

采用统计假设检验中的 X^2 检验，研究两件事情之间是否相关，其信度水平如何。首先假设 ENSO 事件与京津冀地区霜雪低温灾害事件相互独立，其相关为小概率事件，然后计算 X^2 统计量。将 ENSO 事件期间发生灾害的县个数记为 A，未发生灾害县数记为 B；非 ENSO 事件期间，发生灾害县数为 C，未发生灾害县数为 D。通过公式（1-2）计算 X^2，以县为单位，判断霜雪低温灾害与 ENSO 事件之间的相关性。

$$X^2 = [(AD-BC)^2(A+B+C+D)] / [(A+B)(C+D)(A+C)(B+D)] \qquad (1\text{-}2)$$

第2章 京津冀地区霜雪灾害与寒冷气候事件

研究区概况

京津冀地区位于华北平原东部，即 $36°05'\sim42°40'$N、$113°27'\sim119°50'$E，包括今北京、天津和河北。东临渤海，西与山西为邻，北同内蒙古接壤，南部平原与河南、山东毗邻，东北一隅，邻接辽宁。

2.1.1 地形地貌

地貌类型复杂多样，包含高原、山地、丘陵、盆地、平原等。高原占 9.3%，山地占 49.5%，平原占 41.2%。地形西北高、东南低，高差在 2000 m 以上（图 2-1）。

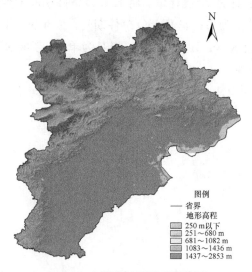

图 2-1 京津冀地区地形地势图

受地形影响，影响京津冀地区霜雪低温灾害发生来源主要有两条途径。第一条为西北路径，来自新地岛以西的北方寒冷洋面，大多经巴伦支海、白海，入巴尔喀什湖或蒙古西北部进入华北地区，入侵京津冀地区，此路径为大多数。

第二条为北方路径，来自新地岛以东、泰米尔半岛以北的北方寒冷洋面，大多经喀拉海、泰米尔半岛，从蒙古东、南部进入中国华北地区，入侵京津冀地区。

2.1.2 气候特征

地处中纬度，背靠欧亚大陆，东临渤海，属温带大陆性季风气候，冬夏长，春秋短，气温由东南向西北逐渐降低。春季多大风，夜冷日暖，昼夜温差大，容易发生低温灾害。夏季炎热多雨，盛行风来自低纬度的偏南风，霜雪低温灾害发生较少。秋季冷暖适中，气候宜人，天高气爽。冬季寒冷少雪，盛行西北风，天气寒冷、干燥、晴朗，夜间易出现辐射霜灾。

气温年较差北大南小，随纬度和海拔高度递减；同纬度地区平均气温山区低于平原，沿海高于内陆。1月平均最低气温呈南高北低纬状型分布，南北差异显著；7月平均最高气温也呈南高北低纬状型分布，南北差异不明显。年平均气温介于 1.80～14.41 ℃，其分布特征是自南向北、自东向西逐渐降低。坝上与坝下、山区与平原之间的温差较大。全境年平均气温南北相差 12.61 ℃，年平均气温随纬度增高的递减率为一个纬度 0.5 ℃。由于地势西部高、东部低，年平均气温总体自东向西递减。太行山麓平原因受焚风影响，年平均气温比东部的低平原一般高 0.2～0.6 ℃，滨海平原则通常比内陆平原的年平均气温低 0.5 ℃左右（图 2-2）。

图 2-2 京津冀地区年均等温线图

受区域内温度分布的影响，霜雪低温灾害发生的频次和强度分布范围也不尽相同。

2.2 明代霜雪灾害与寒冷气候事件

2.2.1 历史沿革

从《明史·地理志》《中国行政区划通史（明代卷）》中河北政区沿革和谭其骧主编的《中国历史地图集》第7册明时期图组中万历十年（公元1582年）京师（北直隶）图可知，明代北直隶的行政区划将北京、天津、河北连为一体，虽然范围、面积与今天有所差别，但基本的县域单元并未改变，除北平行都司（今河北北部、内蒙古东南部）部分外，范围大致相同。"北至宣府，外为辽地；东至辽海，与山东界；南至东明，与山东河南界；西至阜平，与山西界。"

北京的名称在明代多有变化，洪武元年（公元1368年）为"北平府"，属山东行省；洪武二年（公元1369年）设北平行省后，改属北平。永乐元年（公元1403年），明成祖朱棣将北平府升为北京，改为"顺天府"，设立六部，称"行在六部"；永乐十八年（公元1420年），朱棣正式迁都北京，称为"京师"。京师、天津三卫和河北各府（直隶州）统称为北直隶。正德九年（公元1514年）北直隶管辖范围为"府八，直隶州二，属州十七，县一百一十六"。

2.2.2 时间变化特征

2.2.2.1 等级变化特征

通过统计，明代277年间共发生霜雪低温灾害68次，其中雪灾最多，占43次；其次是霜冻，占16次；低温发生次数最少，为9次（图2-3）。其中轻度灾害40次，占58.8%；中度19次，占27.9%；重度9次，占13.2%。明代后期灾害发生最为频繁，且灾害的强度也最大，而前期频次和强度却很低。灾害主要是1级灾害居多，2级其次，3级灾害较少，1级灾害的发生最为频繁。从整体上看，霜冻、低温、雪灾发生趋于一致，轻度雪灾发生次数多，低温霜冻灾害次数也较多。

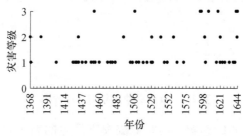

图2-3　明代京师地区霜雪低温灾害等级变化图

2.2.2.2　年际变化特征

以 30 年为单位，做出灾害发生频次统计（图 2-4）。灾害发生频次以中期居多，后期相对前期也较多。整体霜雪低温灾害的发生频次呈现波动上升趋势。

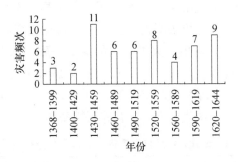

图 2-4　明代京师地区霜雪低温灾害发生频次图

将平均频次与每 30 年实际频次做差值，得出每 30 年的距平值，并运用最小二乘法得出 6 次多项式的拟合曲线（图 2-5），得出霜雪低温灾害发生的平均频次为 6.22 次。基于统计资料，剔除社会经济差异以及其他因素，将该地区霜雪低温灾害的变化划分为 3 个阶段：1368—1429 年为第一阶段，1430—1519 年为第二阶段，1520—1644 年为第三阶段。第一阶段以轻中度霜雪低温灾害为主，并且距平值为负值，说明灾害发生频率较低；第二阶段以中度霜雪低温灾害为主，距平值主要为正值，灾害频次最高；第三阶段距平值较小，正负值差别较小，期间霜雪低温灾害发生较为稳定，但却以重度霜雪低温灾害为主。因此，可以判断明代前期霜雪低温灾害发生最少，而中晚期灾害发生次数多。

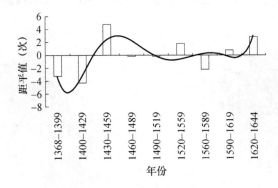

图 2-5　明代京师地区霜雪低温灾害距平值变化图

2.2.2.3　季节变化特征

根据统计（表 2-1），灾害的发生以春冬季节灾害最为频繁，表明霜雪低温灾害的发生具有显著的季节性特点。春季灾害最多，春季的寒潮对农作物以及居民生活影响很大，气温回暖后往往有剧烈的冷空气来袭；冬季气温骤降，气候寒冷。资料记载有"1437年十二月丁卯时刻，霜附木，如雪，竟日不消，自卯至巳昏，雾四塞。壬午，日生背气。色青赤鲜明""1453年，正定县，春二月，恒阴积雪。1454年，春正月，积雪恒阴（宣化县、赤城县、怀来县、蔚县、涿鹿县、大城县）"。统计分析表明霜冻多集中于春夏之交，低温多集中于春季，雪灾多集中于冬春两季，与山西灾害发生的季节一致。秋冬之交，每次冷空气来袭都加剧近地表寒冷程度，10月份、11月份以霜冻为主，对农作物影响较为严重，甚至造成饥荒，冬季特别是冬春之交雪灾最频繁和最重，对冬小麦特别是家禽、家畜影响最大，明代后期，常有冻死牲畜的事件。

表2-1　明代京师地区霜雪低温灾害季节分布统计表

季节	霜冻（次）	低温（次）	雪灾（次）	占比（％）
春季	5	4	18	39.7
夏季	2	1	6	13.2
秋季	4	1	5	14.7
冬季	5	3	14	32.4

2.2.3　空间分布特征

通过对灾害发生等级和发生频次的统计，绘制完成灾害频次空间分布图（图2-6）和灾害等级空间分布图（图2-7）。从发生频次来看，顺天府、保定府、真定府灾害的发生频次最高，分别为33次、13次、13次，共发生了59次，其次是河间府、广平府，整体上灾害发生的频次呈现出东北—西南的走向。从发生

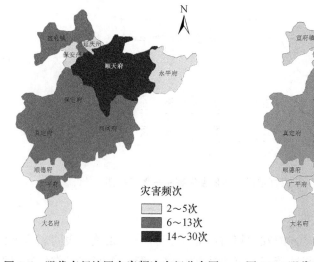
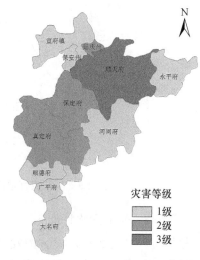

图2-6　明代京师地区灾害频次空间分布图　　**图2-7　明代京师地区灾害等级空间分布图**

等级来看，严重的灾害分布在顺天府、保定府和真定府，也呈现出东北—西南走向，与季风带垂直的方向。从整个京师地区来看，灾害的分布具有北多南少、西多东少的特征。明代的霜雪低温灾害主要分布在燕山一带以及燕山以南地区，以及太行山以东、西山一带。此外，在山地的迎风坡灾害较多，其中山区发生灾害的次数占总次数的 86.8％，而在山地的背风坡却极少有霜雪低温灾害发生，一方面是由于当地受到"焚风效应"的影响，另一方面是由于当地作物种类少，农作物种植较少以及人类活动较少的缘故。由此可以看出，燕山以南、太行山以东的迎风坡地区是该地区霜雪低温灾害的多发区。

2.2.4　霜雪灾害的周期规律

对明代京师地区 277 年霜雪低温灾害发生频次进行周期规律分析，得出不同尺度下灾害的周期变化关系图（图 2-8）。通过对小波系数实部值计算，当小波系数实部值为正数时，用实线表示，表示灾害发生频次较多，信号较强；实部值为负数时，用虚线表示，表示灾害发生次数较少，信号较弱。由小波方差图（图 2-9）得出霜雪低温灾害的发生周期存在着多尺度的特征，灾害存在着 9 年、20 年、31 年和 41 年左右的周期，其中在 41 年左右的震荡周期最为强烈。

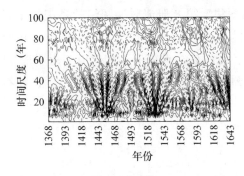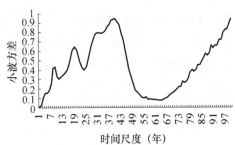

图 2-8　明代京师地区小波系数实部等值线图　　图 2-9　明代京师地区灾害小波方差图

2.2.5　寒冷气候事件

通常把连续 3 年及 3 年以上连续 3 次出现的中度、重度灾害的状况称为寒冷气候事件，其特点是持续时间长、危害性大。据统计，可以初步断定：明代京师地区有 2 次寒冷气候事件来袭，第一次在 1523—1540 年、第二次在 1641—1643 年。其中一年内多次或持续时间较长并有冻死农作物以及牲畜的事件称为异常寒冷灾害年，这样的灾害出现了 4 次，分别是 1453 年、1594 年、1617 年和 1643 年。

第一次寒冷气候事件发生 1523—1540 年（明嘉靖二年至十九年），期间发生了重大雪灾与霜冻。如明世宗嘉靖八年（1529 年），大城县、文安县、河间县、沧州市、盐山县、阜城县、景县、深县、武强县、晋县均发生了重大霜灾。"阜城县,八月,是年大饥""晋县,秋霜早降,杀稼""沧州市,八月,霜杀禾"等。

第二次寒冷气候事件发生在 1641—1643 年(明崇祯十四年至十六年)。这期间,主要是大雪持续时间长和影响范围广,如 1643 年,安新县"正月二十五日,雪片大如拳,昼已时晦如夜,午时方明"。

2.3 清代霜雪灾害与寒冷气候事件

2.3.1 历史沿革

清代将北直隶改称直隶省,辖境依旧。顺治十五年(1658 年)始建直隶省,大名府为直隶省行政中心。顺治十七年(1660 年)直隶巡抚移驻真定,真定成为行政中心。康熙八年(1669 年),直隶巡抚移驻保定府,直至清末,保定一直作为直隶行政中心。雍正元年(1723 年),真定府改名正定府。雍正以后,将承德、张家口北部、内蒙古西拉木伦河以南、辽宁大凌河上中游、西河上游以北和内蒙古奈曼、库伦二旗等原蒙旗部分设置州、县,划归直隶省,辖境逐渐扩大。直隶省所管辖范围以《中国历史地图集》第 8 册清时期图组的嘉庆二十五年(1820 年)直隶行政区划图中的府州县名为准,共辖顺天府、保定府、正定府、大名府、顺德府、广平府、天津府、河间府、承德府、宣化府、永平府 11个府,遵化州、易州、冀州、赵州、深州、定州 6 个直隶州和张家口厅、独石口厅、多伦诺尔厅等口北三厅。

2.3.2 时间变化特征

2.3.2.1 等级变化特征

统计表明,清代直隶共发生霜雪低温灾害 112 次,其中,霜冻 54 次、低温27 次、雪灾 31 次。轻度 21 次,占 18.8%;中度 63 次,占 56.2%;重度 28次,占 25%。从不同等级灾害在时间上的变化(图 2-10)可知,清代早期灾害发生的频次最高,且灾害强度最大,其次是后期,中期则频次和强度均最低。

2.3.2.2 年际变化特征

以 30 年为单位,将灾害发生频次进行统计(表 2-2),得出灾害的高发时段为 1644—1673 年,1794—1853 年。每 30 年灾害发生的平均频次为 12.44 次,将平均频次与每 30 年实际发生频次作差值,同时根据最小二乘法意义下 6 次多项式的拟合曲线,得出霜雪灾害距平值(图 2-11)。可将灾害变化分为 4 个阶段，1644—1673 年为第一阶段，1674—1793 年为第二阶段，1794—1853 年为第三阶段，1854—1911 年为第四阶段，其中第一、三阶段，以正距平均值为主，属于霜雪灾害高发期；第二、四阶段，以负距平均值为主，属于灾害低发期。

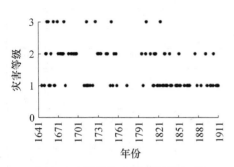

图 2-10　清代直隶霜雪低温灾害
等级变化图

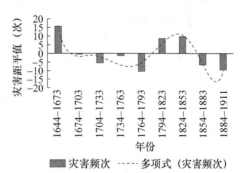

图 2-11　清代直隶霜雪低温灾害
距平值变化图

表 2-2　清代直隶霜雪低温灾害发生频次

年份	灾害频次	年份	灾害频次	年份	灾害频次
1644—1673	28	1734—1763	11	1824—1853	22
1674—1703	12	1764—1793	2	1854—1883	6
1704—1733	7	1794—1823	21	1884—1911	3

清代 268 年的时间中，直隶共有 124 年次发生了霜雪低温灾害，占 46%；雪灾、霜灾、低温灾害分别为 62、42、20 年次。雪、霜、低温灾害占比为50%、33%、16%。3 类灾害中，雪灾发生较为频繁，霜灾发生的可能性要大于低温灾害。根据统计资料编制清代直隶霜雪低温灾害历史统计表（表 2-3），以此反映霜雪低温灾害年际分布特征。

表 2-3　清代直隶霜雪低温灾害年序分布情况表

年份	0	1	2	3	4	5	6	7	8	9
1640	O	O	O	O			X			
1650	X		X	X	X		XSD	S	XS	X
1660	S				XSD	XS	X			
1670	XD	XD			S		S	X	X	S
1680	D		X					XS		
1690		S			S	S		X		S
1700										
1710	X			XD	XD	X	X			D
1720				S				D		
1730	S		S		S					

续表

年份	0	1	2	3	4	5	6	7	8	9
1740		S			S					X
1750		X		X	S				S	XD
1760										
1770					XS					
1780										S
1790							D		X	
1800			S	D						S
1810				S	S	XS	S	XS		X
1820	X			S	D			X		X
1830	X	XD	XS	X	X				XS	XD
1840	X	X						X	S	S
1850	XSD		XD	X	X					
1860	X				X	X		X	X	
1870							S			X
1880						X				
1890			S		X					X
1900	XSD			S	XS				D	
1910	XD	X	O	O	O	O	O	O	O	O

注：X代表雪灾、S代表霜灾、D代表低温灾，空白部分代表没有霜雪低温灾害发生或发生未记载，或发生但未致灾；O表示此年不属于清代。

2.3.2.3 季节变化特征

按发生季节划分，清代直隶共发生 332 次霜雪低温，其中，春季 78 次，占总次数的 23.5%；夏季 26 次，占总次数 7.8%；秋季 80 次，占 24.1%；冬季 148 次，占 44.6%（表2-4）。其中，霜灾 84 次，低温 33 次，雪灾 215 次，雪灾发生次数最多，其次是霜灾和低温。从季节分布看，春季和冬季是雪灾的高发期；秋季和春夏之交是霜灾的高发期；低温灾害多发生在冬季和春季；夏季和秋季，灾害发生的概率较低。

表2-4　清代直隶霜雪低温灾害季节分布统计表

季节	霜灾（次）	低温（次）	雪灾（次）	占比（%）
春季	7	14	57	23.5
夏季	15	2	9	7.8
秋季	60	3	17	24.1
冬季	2	14	132	44.6

2.3.3　空间分布特征

清代直隶霜雪低温灾害史料记载具有较强地域性特点，如顺天府作为京师驻地，人口稠密，经济发达，灾害的资料记录很多且较详细；对于口北 3 厅，记载内容不详细，数量也很少，但由于此地人口稀少，经济落后，霜雪低温灾害造成的影响也相对较小。因此，尽管文献资料局限，但霜雪低温灾害具备独特的社会属性，基于此以上问题对本书的研究不具备很大的影响。

资料统计显示（表 2-5），清代直隶雪灾发生年次最多的是永平府，其次是正定府和河间府；霜灾发生年次排名前三依次是宣化府、保定府和河间府，宣化府发生的霜灾年次为 27，远远大于河间府发生霜灾的年次；在低温灾害年次中，最多的是永平府。其中，有如下几个府州的霜灾、雪灾、低温灾害或霜雪低温灾害发生年次为 0：口北三厅霜雪低温灾害年次；承德府、深州、大名府、定州、冀州、易州的低温灾害年次，承德府的霜灾年次，这是由于战乱等原因造成资料缺失或未记载。在有记载的情况下，从平均周期来看，雪灾的平均周期最短和最长的分别是永平府和承德府；除去未记载外，霜灾发生平均周期最短的是宣化府，霜灾发生平均周期最长的有遵化州、顺德府、赵州、定州；低温灾害发生平均周期最短的是永平府，最长的是顺天府、河间府、正定府和赵州。雪灾对永平府的影响范围较清代直隶其他州县来说，是最大的。宣化府、保定府和河间府，是霜灾的重灾区。永平府是低温重灾区。永平府、遵化州、河间府为冬雪灾严重区域。深州、易州和正定府春雪所占比例也较大，都达到了 40%。各府、州霜灾害发生类型的大都是以秋霜为主要类型。深州夏霜发生的频率达到了 50%。各府、州低温灾害发生的类型大多以冬、春季低温为主。

表 2-5　清代直隶霜雪低温灾害受灾县数统计表

行政区域	所辖州县厅数	霜灾累计县数	雪灾累计县数	低温累计县数
顺天府	24	3	16	1
保定府	18	11	18	4
正定府	14	7	24	1
大名府	7	4	11	0
顺德府	9	1	10	5
广平府	10	6	20	2
天津府	7	5	15	4
河间府	11	9	24	1
承德府	7	0	1	0

行政区域	所辖州县厅数	霜灾累计县数	雪灾累计县数	低温累计县数
宣化府	10	27	19	3
永平府	7	6	33	12
遵化州	3	1	8	2
易州	3	3	6	0
冀州	6	3	10	0
赵州	6	1	5	1
深州	4	3	5	0
定州	3	1	1	0
口北三厅	3	0	0	0

2.3.4 周期规律

清代直隶霜雪低温灾害的发生存在周期规律，利用小波分析对霜雪低温灾害频次数据进行处理分析，得到时间与频率的序列关系图（图2-12）。从图中可以得知，不同阶段的同一周期以及同一阶段的不同周期震荡所表现出来的强弱程度不一样。存在3个明显的集中区，即在低等级层次中存在8～9年频率，在中等级层次中存在18～20年的频率，在高等级层次中存在37～44年左右的周期。在整个时间尺度上出现3个年份偏多中心：1656年、1819年、1834年；4个年份偏小中心：1653年、1664年、1824年、1868年。

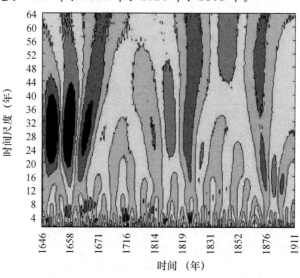

图2-12 清代直隶霜雪低温灾害小波分析图

2.3.5　寒冷气候事件

清代直隶共发生 5 次严重寒冷气候事件，出现 2 次异常寒冷灾害年，均发生在第一和第三阶段。

第一次寒冷气候事件发生在 1652—1656 年，共发生 10 次重度雪灾害，涉及武清、遵化、保安、西宁、吴桥县、献县、滦河、武强县、昌黎、滦州。

第二次寒冷气候事件发生在 1670—1679 年，共发生 9 次灾害，重度 2 次，中度 7 次。范围涉及玉田、邢台、卢龙、迁安、抚宁、通州、武强、沙河、无极。

第三次寒冷气候事件发在 1713—1739 年，发生灾害 10 次，重度 3 次，中度 4 次，轻度 3 次。涉及南和县、献县、阜城县、通州、怀安县、交河县、新乐县、东光县。

第四次寒冷气候事件发生在 1802—1824 年，发生 20 次灾害，重度 3 次，中度 16 次，轻度 1 次。涉及望都县、永年县、唐县、沧县、东光县、深州、武强县、完县、新城、获鹿、灵寿、定兴县、涿县、南乐、邯郸、滦县。

第五次寒冷气候事件发生在 1832—1844 年，发生 8 次灾害，重度 3 次，中度 5 次。涉及滦县、望都县、大名、肥乡、正定、元氏、南皮、枣强。

第一次异常寒冷灾害年是 1664 年，出现 9 次灾害，重度 3 次，中度 4 次，轻度 2 次。涉及清河、新城、东昌、庆云、鸡泽、晋州、清河、玉田、邢台。

第二次异常寒冷灾害年为 1831 年，发生 9 次灾害，重度 1 次，中度 8 次。涉及望都县、完县、容城、宁晋县、永年县、成安县、元氏、南乐、抚宁。

2.4　1912 年以来霜雪灾害与寒冷气候事件

2.4.1　历史沿革

2.4.1.1　河北政区沿革

1912 年初，直隶省辖 12 府、7 直隶州、3 直隶厅，总计 158 州县，顺天府依旧在管辖的区域内。1928 年 6 月，将直隶省改名为河北省，省政府设在天津。1928 年 10 月河北省政府由天津迁至北平市（今北京市）；1930 年 10 月，省会由北平市迁至天津市；1935 年，省会从天津市迁往清宛县。1945 年 9 月，河北省政府在陕西西安成立，并于同年 11 月迁回北平市；次年 7 月，再迁至保定；1947 年 11 月又迁回北平。

1949 年 8 月河北省人民政府建立，省会保定。1952 年撤察哈尔省，张家口、宣化及张北等 16 县归河北。1958 年天津市改为河北省地级市，省会由保定迁往天津市。1966年省会由天津市迁往保定市，1967年天津升格为直辖市，1968年河北省会再迁往石家庄市。河北省所辖县区与北京、天津、山西等邻近省（直辖市）多有变动。

2.4.1.2　北京政区沿革

1912年初北京市的行政区划没有发生变化，1913年1月保留顺天府，当时废除各省府制。1914年5月，将顺天府作为独立的区域，管辖附近的20个县，改顺天府为京兆地方。1928年，设北平特别市，市内划分为内六区和外五区。1930年6月，北平特别市改为北平市，属河北省辖区，12月改为院辖市。1937年七七事变后，北平改名为北京。1945年，北京又更名为北平，1949年，北平解放后，正式更名为北京市，作为新中国的首都。1956—1958年，形成10区8县的建制。今天的北京行政区包括东城区等16个区。

2.4.1.3　天津政区沿革

天津在清朝末年为直隶总督的驻地，1912年天津改为天津县隶属直隶省。1928年6月，设天津特别市，为天津设市的开始。1930年6月，天津特别市改名为天津市，属政府行政院；同年11月，天津成为河北省会。1935年6月，天津改为行政院辖市。1945年，改天津为直辖市。1949年至1958年2月，天津是中央直辖市。1958年2月天津划归河北省。1967年1月恢复直辖市。天津现辖和平区等16个区。

2.4.2　时间变化特征

2.4.2.1　等级变化特征

根据资料中所记载的灾害发生持续时间、涉及地区数量和对生产生活的影响程度大小等，将霜雪低温灾害划分为3个等级（表2-6）。1912—2014年京津冀地区共发生霜雪低温灾害147次，其中1级霜雪低温灾害共发生38次；2级霜雪低温灾害共发生71次，发生频率较高，对该区域影响较大；3级霜雪低温灾害共发生38次（图2-13）。

表2-6　1912—2014年京津冀地区霜雪低温灾害等级划分

等级	划分依据	灾害案例	次数
1级轻度	资料中有"降霜""降雪"等记载，未记载对人民生产、生活有重大影响，地面最低温度为－2～0℃	民国十五年（1926年），六月初五日，新河雪。十二月十一日，景县大雪。民国十九年（1930年），张北九月初九下了座冬雪，厚一尺半。1949年，天津专区在寒露后突然冻冻；1971年9月中旬河北北部受冷空气侵袭，最低气温降至1～－2℃	38

续表

等级	划分依据	灾害案例	次数
2级中度	资料中记载霜冻、降雪发生的时间较长、部分范围受灾、作物减产等,地面最低温度为−4~−2.1℃	民国二十四年(1935年),春,天津杨柳青一带遭霜灾。民国三十七年(1948年),北京市八月十二日,即见早霜,即将收成之棉花又遭受损失	71
3级重度	资料中记载受灾涉及区域较多,有人畜伤亡,且对人民日常生活有重大影响,地面最低温度<−4.1℃	民国二十三年(1934年),张北五月初二下了一场大雨,先雨后雪,牛羊死了不少。"1930年热河平泉、隆化、丰宁等10余县迭遭风雹水霜之灾,被灾县占全省18县之十七八,饥民百余万,草根树皮挖食净尽"。1994年5月2—4日,滦平、平泉、怀来等6县雨雪交加,受灾乡镇平地积雪40~70 cm,蔬菜被冻死,房屋受损,冻死1人,冻死羊182只,牛43头	38

有些年份会同时出现不同等级的灾害。例如,据《申报》记载"1926年12月12日,北京近七天冻死200余人"。同年地方志记载"元氏县大雪途为之塞,九月肥乡大雪,六月初五日新河雪""1928年8月14日,白露节张北县红薯受冻""8月11日大名县种荞麦者极多,遭大冻杀禾,玉蜀黍、绿豆次之,时以雨晚,皆冻枯死,不成籽"。从灾害等级整体发生情况可知,1级灾害和3级灾害同时发生的年份有1926、1930、1972、1977、1991、1992、1993年;2级灾害和3级灾害同时发生的年份有1928、1931、1979、1986、1990、1991年。且霜雪低温灾害频繁的时期,也是中度霜雪低温灾害出现次数较多的时期,期间更是发生了涉及大部分地区的灾害。

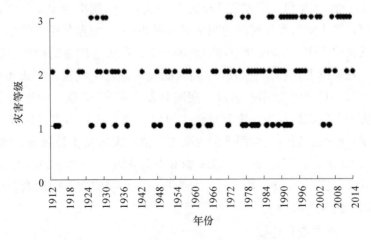

图2-13 近现代京津冀霜雪低温灾害等级变化图

2.4.2.2　年际变化特征

以 3 年为单位，将其灾害发生频次进行统计（图 2-14），得出 1912—2014 年京津冀地区霜雪低温灾害高发时间段为 1924—1932 年、1957—1962 年、1972—1980 年、1987—1998 年，将霜雪低温灾害的频发期与稳定期相比，得出灾害高发期与稳定期相比，其间隔为 10 年左右，并且随着时间的推移，霜雪低温灾害的发生频次基本上呈递增的趋势，也就是越往后灾害发生越频繁。其中民国时期霜雪低温灾害发生频次较少，可能与资料的收集以及前人关于霜雪低温灾害的记载有关，民国处于战争频繁的时期，社会动荡，记载可能会有缺失之处。所以出现图中所反映的现象。

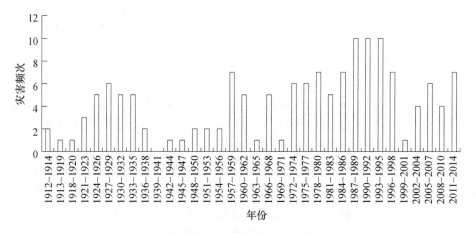

图 2-14　近现代京津冀霜雪低温灾害频次变化图

将 1912—2014 年每 3 年霜雪低温灾害实际发生的频次与 103 年每 3 年平均频次做差值，得出灾害发生时间的距平值（图 2-15）。根据其距平值和六次多项式拟合曲线得出 1912—2014 年京津冀地区霜雪低温灾害发生的阶段性特征以及变化趋势。在整体上，1912—2014 年霜雪低温灾害发生频次和等级可以分为 3 个阶段。1912—1956 年为第一阶段，期间共发生灾害 38 次，距平值主要为负值，表明灾害发生次数较少，灾害等级主要以 1 级和 2 级为主。1957—1995 年为第二阶段，期间灾害发生的距平值主要为正值，灾害发生最频繁、频次最多，共发生灾害 80 次，灾害等级主要以 2 级和 3 级为主。1996—2014 年为第三阶段，期间共发生灾害 29 次，距平值主要为负值，表明灾害发生次数较少，灾害等级主要以 1 级和 2 级为主。

2.4.2.3　季节变化特征

对灾害发生的季节特征进行统计分析（表 2-7），结果得出春季和冬季为低

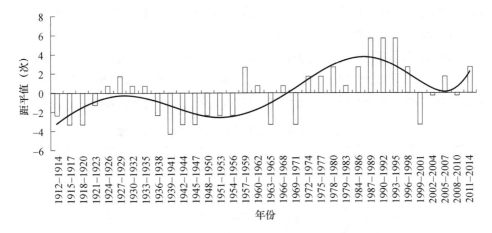

图 2-15　近现代京津冀霜雪低温灾害距平值变化图

温灾害高发的季节，共发生 67 次；该地区的冻害主要指冬作物、春季蔬菜在冬季和春季突然遇到急剧降温（温度降到 0 ℃以下）造成的灾害。霜冻灾害主要发生在春季和秋季，共发生 38 次。秋季因冷空气影响，使得入秋后地面温度降到 0 ℃以下，造成未成熟秋作物受冻减产，春季气温回升后，因受冷空气的影响，使得地面温度突然降到 0 ℃以下，造成农作物幼苗、果树等冻害。雪灾主要发生在秋季和冬季，共发生 42 次；雪灾会对交通以及房屋设施等产生不利影响，例如"十一月初三下雪，落地为雨，一天一夜平地积水，铁路壕沟立满，房屋有倒塌"。

　　灾害在夏季发生次数最少，如果受冬季风异常活动的影响，在初夏也可能发生。"1987 年 6 月 5 日凌晨至晚 23 时，张家口、承德地区的坝上 6 县及崇礼、怀安、阳原和平泉等 10 县遭受 70 年所罕见的大暴雪袭击，降雪量 10～23 mm，积雪厚 3～13 cm，气温骤降至 0～6.6 ℃，致使刚出土的秧苗，才剪毛的羊及牲畜遭受损失；农作物受灾面积 22 万 hm²，其中 3.5 万 hm² 瓜菜、胡麻和豆类作物毁重；因严寒冻死大牲畜 202 头，伤 37 头，冻死羊 21516 只，冻死 1 人，伤 8 人。6 月 5—6 日，出现大风伴有暴雪的天气过程，坝上暴风雪并伴有强降温。"这次过程无论从强度到出现日期均接近或达到历史极值。

　　秋季霜雪低温灾害的发生频次相对于冬季和春季来说较少，共发生 36 次，占灾害总数的 24.49%，以霜冻灾害为主。秋季发生的霜雪低温灾害主要是对即将成熟的农作物产生不利影响，当发生寒冷空气时，使地面的温度迅速降到 0 ℃以下，导致霜冻灾害发生，使没有成熟的农作物受冻。

　　冬季霜雪低温灾害的发生频次相对较多，占灾害总数的 31.97%，共 47 次，以低温冻害和雪灾为主。低温灾害作为最常见的一种灾害，当环境温度低于 0 ℃，会给动植物和人类带来某些不利影响；雪灾因降雪持续时间长和量大，给越冬农作物、畜牧业、交通运输和人民生产活动带来不利影响。冬季发生的灾害主要表现在当寒潮爆发时产生的危害。

春季霜雪低温灾害发生频次最多且等级高，共 49 次，占灾害总数的 33.34％。其中低温灾害出现频次较多，倒春寒是发生在京津冀地区春季主要的低温冻害类型。春季寒潮的发生对农作物幼苗的生长产生不利影响。

表 2-7　近现代京津冀霜雪低温灾害季节分布统计表

季节	霜冻（次）	低温（次）	雪灾（次）	占比（％）
春季	9	30	10	33.3
夏季	5	6	4	10.2
秋季	23	7	6	24.5
冬季	1	24	22	32.0

2.4.3　空间分布特征

通过对灾害发生等级和发生频次的统计，绘制完成灾害频次空间分布图（图 2-16）和灾害等级空间分布图（图 2-17）。分析可知，地形与海拔是影响京津冀地区霜雪低温灾害发生的重要因素。河北平原灾害发生频次较少且等级较低，该区域受霜雪低温灾害的影响较小。承德市的丰宁、围场地区和坝上高原的张家口北部地区，霜雪低温灾害发生的等级较高且频次多；其次霜雪低温灾害发生等级较高、频次相对较多的地区有冀西北的阳原盆地、张宣盆地和蔚县盆地。

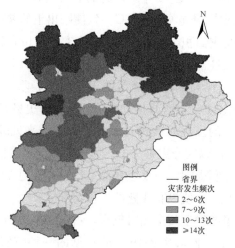

图例
—— 省界
灾害发生频次
□ 2～6次
▨ 7～9次
▩ 10～13次
■ ≥14次

图 2-16　近现代京津冀灾害频次空间分布图

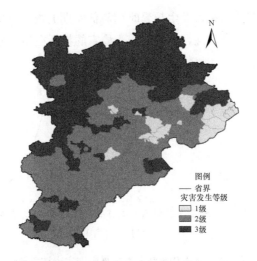

图 2-17　近现代京津冀灾害等级空间分布图

2.4.4　周期规律

用 Morlet 小波分析法对灾害发生的年份与相对应灾害发生的频次进行分析计算，得出霜雪低温灾害在不同时间尺度下的周期规律（图 2-18）。通过对小波变换系数实部值的计算，得出当其为负数时，用虚线表示，代表信号不强且周期特征较弱，灾害发生频次较少；为正数时，用实线表示，代表信号较强且周期特征明显，灾害发生频次较多。由小波方差图（图 2-19）分析可知，灾害的发生存在着不同时间尺度下有不同周期特征的现象，且不同尺度下周期表现出相互嵌套的现象。在整体上灾害的发生分别存在着短期 3～6 年、中期 8～17 年和长期 25 年左右

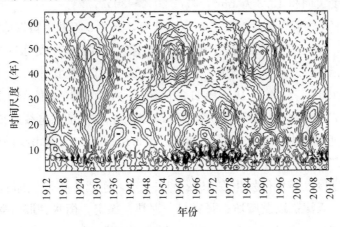

图 2-18　近现代京津冀霜雪低温灾害小波系数实部等值线图

的主周期变化；霜雪低温灾害发生频繁时期与低发期的准 4 次震荡位于 25 年左右的时间尺度上，且具有全域性，表现为较为稳定的特征在整个分析时间段。

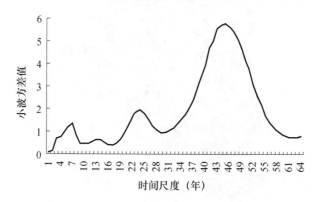

图 2-19　近现代京津冀霜雪低温灾害小波方差图

2.4.5　寒冷气候事件

1912—2014 年京津冀地区共发生 3 次寒冷气候事件，分别出现在 1972—1973 年、1986—1987 年、1991—1995 年。出现了 4 个异常寒冷灾害年，分别为 1928 年、1930 年、1979 年、1989 年。

第一次寒冷气候事件发生在 1972—1973 年，连续 2 年发生霜雪低温灾害。1972 年 8 月 30—31 日，"承德地区平泉、隆化、围场、丰宁 4 县，9.4 万 hm² 农作物受害；张家口地区坝上 4 县地冻 3～6 cm，康保地温下降至－5.7 ℃，霜前有 6 级大风。农作物全部冻死，坝下的崇礼、赤城、宣化、涿鹿等县的一部分公社受灾，受灾面积 13.3 万 hm²，减产 20%～30%。"

第二次寒冷气候事件发生在 1986—1987 年，连续 2 年发生霜雪低温灾害，尤其在 1987 年，灾害发生情况较为严重，"河北省因霜雪农作物受冻达 3.2 万 hm²，成灾 2 万 hm²，11.6 万人口受灾，成灾人口 10.41 万，死亡 4 人，死亡牲畜 32 头、猪羊 26499 只。""2 月 16—18 日，北京市民航约 4000 人停留在机场，共取消进出航班 70 个，电线因积冰直径大而导致断线，市内的供电线路被烧坏 5 条，12 小时内城近郊区共发生交通事故 28 起。""3 月 24 日，天津市汉沽区受大风降温影响造成部分大棚破坏，菜苗冻死。"

第三次寒冷气候事件发生在 1992—1995 年，连续 4 年发生霜雪低温灾害，涉及北京市、天津市以及廊坊、张家口、邯郸、保定、衡水、邢台等地市的 40 个县（市）。"1994 年 1 月 17—19 日，河北省出现降温、大风天气过程，北部、西部山区、平原东南部降温 10～17 ℃，其它地区降温 5～8 ℃。""5 月 2—4 日，北京市的怀柔、密云、平谷3县山区因雪后降温冻伤庄稼6万多亩，果树35万多棵。"这是1912—2014年京津冀地区持续时间最长的一次寒冷气候事件，受灾范围广，灾情严重。

1928年共发生4次霜雪低温灾害，其中3次2级霜雪低温灾害，1次3级霜雪低温灾害。灾害的发生对当地所造成的影响较大。例如，"8月忽降严霜，冻死人畜甚多，而蝗蝻仍有在田间蠕动者，洵千古未有之奇灾也"。

1930年共发生2次霜雪低温灾害，其中1次1级霜雪低温灾害，1次3级霜雪低温灾害。灾害影响范围广且造成的损失大。例如，"1930年12月，入秋以后，天灾踵降，水蝗风雪，几遍全省。""旧京兆、天津、河间、保定各属，报灾请赈者，共达70余县，被灾村庄约4000村之谱。综计本年收成，平均计算，不足十之四、五，灾象极为重大。"

1979年共出现3次霜雪低温灾害，其中1次1级灾害，2次3级灾害。分别出现在2月、3月和11月，涉及沽源县、康保县、尚义县、张北县、丰台区和海淀区等地区，影响程度大，导致"平地积雪50 cm，整个坝上积雪覆盖，交通阻断，柴草被掩埋，牲畜牛羊无法放牧，小羊大量死亡"。

1989年共出现5次霜雪低温灾害，其中1次1级灾害，2次2级灾害，2次3级灾害。分别出现在4月、5月、8月、9月和10月，涉及怀柔县、大名县、张北县、崇礼县、阳原县、宣化县和延庆县等地区，影响范围广，破坏程度强，导致"27个乡镇5万 hm² 秋作物受灾，4.5万 hm² 成灾，减产50%～80%，2.1万 hm² 绝收"。

2.4.6 影响因素

2.4.6.1 地理纬度
京津冀地区南北跨纬度6°35′。一年内太阳照射的高度角和太阳光照时数变化很大。正午太阳高度角由冬至的23°75′—30°29′增加到夏至的70°49′—77°21′，太阳光照时间由冬至的9.05～9.7 h增加至夏至的15.25～14.61 h。不同地区接受太阳光照时间长短的不同，进而导致不同地区初霜冻和终霜冻的日期不同，无霜期时间的不同，终霜冻日不稳定，使农作物遭受霜雪低温灾害危险性加大。各地霜冻初、终日期随纬度变化统计结果（表2-8）表明，纬度越低，初霜冻开始的时间越晚，霜冻结束的时间越早，无霜期越长。初霜冻初、终霜冻出现的时间不同，可能造成霜雪低温灾害的程度就不同。初霜冻出现的早，此时虽然其发生强度较小，但对作物的危害较大，因该时作物尚未成熟，低温超过作物能够承受的程度而受到伤害，进而影响产量。初霜冻出现的晚，其强度虽可能较重，但作物已经进入成熟阶段或已开始收割，所造成的损失较小。终霜冻则出现越早对农作物的危害越轻，越晚则越严重，尤其在北部和东北部。

表 2-8 近现代京津冀地区霜冻初、终日期随纬度变化统计表

纬度	平均最早初霜冻日期	平均初霜冻日期	平均最早终霜冻日期	平均终霜冻日期
36°—37°N	10月9日	10月27日	4月26日	4月11日
37°—38°N	10月9日	10月23日	4月28日	4月13日
38°—39°N	10月6日	10月23日	4月30日	4月15日
39°—40°N	9月30日	10月13日	5月5日	4月22日
40°—41°N	9月16日	10月2日	5月21日	5月6日
41°—42°N	8月28日	9月16日	6月14日	5月26日

将不同纬度主要地区无霜期持续时间与1912—2014年霜雪低温灾害发生频次和发生等级做对比（表2-9），结果表明，纬度越低，无霜期平均日数越长，霜雪低温灾害发生频次较少且等级较低；纬度越高，无霜期平均日数越短，霜雪低温灾害发生频次越多且等级较高。整体上灾害发生频次和等级随无霜期的变化而变化，体现了地理纬度对霜雪低温灾害的影响。

表 2-9 近现代京津冀地区各地无霜冻期和霜雪低温灾害发生频次和发生等级

范围	地点	初日	终日	平均持续日数	80%保证日数	灾害频次	灾害等级
坝上	御道口	6月12日	8月31日	81	67	13	3
	张北	5月28日	9月10日	107	103	9	3
北部山区	丰宁	5月20日	9月22日	127	114	7	3
	承德	5月7日	10月1日	147	134	10	3
	怀来	5月7日	10月2日	149	135	11	3
	兴隆	5月13日	9月25日	135	129	12	3
	涞源	5月18日	9月25日	140	123	9	3
冀东冀中	滦南	4月19日	10月16日	182	168	6	2
	昌黎	4月20日	10月17日	180	172	7	2
	阜平	4月17日	10月16日	183	170	8	2
	饶阳	4月17日	10月19日	186	174	10	2
沧州沿海及南部	沧县	4月12日	10月24日	196	187	6	2
	元氏	4月12日	10月26日	198	189	9	2
	衡水	4月14日	10月23日	194	184	9	2
	邢台	4月15日	10月22日	191	182	5	1
	大名	4月12日	10月26日	198	188	10	2

2.4.6.2　气温

低温是造成该地区霜雪低温灾害发生的根本原因，尤其在早春晚秋，突然的降温使农作物的受灾概率变大以及受灾面积增加，发生灾害的等级加重。北部山区和坝上，冬季冷空气势力强，伴随着寒潮往往产生风雪交加的白毛风天气，常给人畜、车辆造成极其严重的危害，例如"1962 年 2 月 16 日，坝上一场暴风雪，仅康宝、沽源两县冻死 4000 多头大畜生和 1 万多只羊"。

将灾害等级和发生频次与年平均等温线相叠加得出，京津冀地区年平均等温线随纬度增加而递减。整体上西北部地区气温较低，中南部平原和冀东平原气温较高。在霜雪低温灾害的分布上，西北部地区霜雪低温灾害等级较高和发生频次较多，中南部平原和冀东平原霜雪低温灾害等级较低和发生频次较少。表明霜雪低温灾害的发生受年平均温度的分布的影响较大。年均气温较高的地区，昼夜温差较小，在夜间和早上，地面气温降温幅度较小，霜冻和低温灾害发生次数相对较少；年均气温较低的地区，昼夜温差较大，地面最低温度骤然降到 0℃以下，易发生霜雪低温灾害。

2.4.6.3　地形

东北—西南走向的太行山脉和东西走向的燕山山脉相连，形成"弧形山脉"，对南来的暖湿气流有阻挡抬升作用使降水增加。灾害发生频次和等级与地形高程相叠加得出，位于坝上高原的张家口北部地区和承德市的丰宁围场地区，霜雪低温灾害发生频次多且等级较高。其次，位于冀西北的蔚县盆地、阳原盆地、张宣盆地等地区灾害发生频次也相对较多且等级高；谷底、洼地最容易发生霜冻而且霜冻强度大，冷空气的通道，山地的北坡、也常常是霜冻频繁、冻害严重。中南部平原和冀东平原灾害发生频次较少，等级较低，斜坡的中上部往往冻害较轻。且灾害的发生具有不连续性，在同一纬度上，山区重于平原，山谷洼地重于平原。表明灾害的发生受地形的影响较大。山地的北坡接受太阳辐射较少，加上西北风的影响，冬季受冻比南坡严重；在地势低洼、地形封闭的洼地和盆地，冷空气容易沉积，作物易受灾；而在山坡的中部，空气流动性较强，冷空气不易堆积，受灾较轻。

2.4.6.4　ENSO 事件

冷的年份与暖的年份相比较，各地低温出现的日数相差 30～60 天。如丰宁 1956 年冬，低于−20℃的严寒日数达 47 天，而 1962 年冬只有 13 天；御道口 1956 年冬低于−30℃的严寒日数达 68 天，而 1972 年只有 7 天。为什么会出现这种现象，研究表明与 ENSO 事件的发生有密切关联。

ENSO 事件是指厄尔尼诺与南方涛动事件之间存在内在的联系，是全球海气相互作用的强烈信号。通常将厄尔尼诺称为 ENSO 暖事件，拉尼娜称为 EN-

SO 冷事件。表 2-10 为 1911—2014 年京津冀地区厄尔尼诺年，表 2-11 为 1911—2014 年京津冀地区拉尼娜年。

表 2-10　1911—2014 年京津冀地区 ENSO 暖事件年

开始年份	季度	结束年份	季度	持续季度
1911	2	1912	1	4
1913	3	1915	1	7
1918	2	1920	1	8
1923	2	1923	3	2
1925	2	1926	2	5
1930	2	1930	4	3
1932	1	1932	2	2
1939	3	1941	4	10
1951	1	1951	4	4
1952	4	1953	3	4
1957	1	1958	1	5
1963	2	1963	4	3
1965	1	1966	1	5
1968	3	1969	4	6
1972	1	1972	4	4
1976	2	1976	4	3
1982	2	1983	2	5
1986	3	1987	4	6
1991	1	1992	2	6
1993	1	1993	3	3
1994	2	1994	4	3
1997	1	1998	1	5
2002	2	2003	1	4
2004	2	2005	1	4
2006	3	2007	1	3
2009	2	2010	2	5

表 2-11　1911—2014 年京津冀地区 ENSO 冷事件年

开始年份	季度	结束年份	季度	持续季度
1915	4	1917	4	9
1920	4	1921	4	5

开始年份	季度	结束年份	季度	持续季度
1922	2	1923	1	4
1924	2	1925	1	4
1928	3	1928	4	2
1933	2	1933	4	3
1937	4	1939	1	6
1942	3	1943	1	3
1947	2	1947	3	2
1949	3	1950	4	6
1954	2	1956	3	10
1962	3	1962	4	2
1964	1	1964	3	3
1970	2	1971	4	7
1973	2	1974	3	6
1975	1	1975	4	4
1988	2	1989	1	4
1995	3	1996	1	3
1998	3	2000	2	8
2005	4	2006	1	2
2007	2	2008	2	5
2008	3	2009	1	3
2010	3	2011	1	3
2011	3	2012	1	3

为了判断 ENSO 事件与京津冀地区霜雪低温灾害之间是否关联，本书采用统计分析中的 X^2 来作为定量分析判定标准；对厄尔尼诺事件和拉尼娜事件期间京津冀地区霜雪灾害发生县域的检验，采用四格表 X^2 来检验。

表 2-12　四格表 X^2 检验

ENSO 事件	灾害发生县数	灾害未发生县数	所有县数合计	比值
暖事件	A	B	$A+B$	$A/(A+B)$
冷事件	C	D	$C+D$	$C/(C+D)$
共计	$A+C$	$B+D$	$A+B+C+D$	$(A+C)/(A+B+C+D)$

根据公式（1.2）得出霜雪低温灾害的统计量 X^2，将霜雪低温灾害统计量的自由度置为 1，显著水平为 0.05（置信概率为 $1-a$）的 $X_{0.05}^2 = 3.841$ 进行比较，

若 $X^2 > X_{0.05}^2$，则得出京津冀地区霜雪灾害和 ENSO 事件相关性较强，即 ENSO 事件对京津冀地区霜雪低温灾害的发生有重要的影响；若 $X^2 < X_{0.05}^2$，则得出 ENSO 事件与京津冀地区霜雪低温灾害不存在相关关系。对 ENSO 事件年间京津冀地区发生霜雪低温灾害县数量进行 X^2 的检验，厄尔尼诺事件期间 $X^2 = 1.018$，表明京津冀地区霜雪低温灾害的发生与厄尔尼诺事件之间的关系不显著。拉尼娜事件期间 $X^2 = 4.061$，表明拉尼娜事件期间霜雪低温灾害发生的县次较多，关系较为显著。

2.4.6.5　太阳黑子

太阳黑子是太阳活动的标志，其相对数量的变化可以作为太阳活动强弱的标志。已有研究表明太阳黑子记录多的世纪，也是我国历来严冬多的世纪。通过对京津冀地区 1912—2014 年霜雪低温灾害发生频次与该时期太阳黑子年均相对数进行统计分析（图 2-20），得出从灾害整体发生情况看，灾害发生频次的变化趋势与太阳黑子相对数的变化趋势存在着相对一致性。表明太阳黑子年均相对数量多的年份，霜雪低温灾害发生的频次也相对较多。

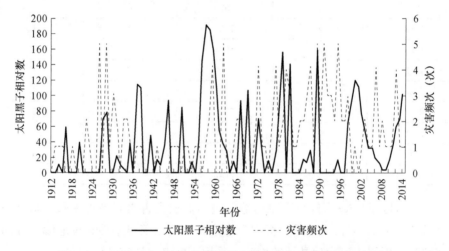

图 2-20　1912—2014 年京津冀地区灾害频次与太阳黑子相对数图

太阳黑子以大约 11 年为一个单位的活动周期，期间黑子数由少到多，当到达峰值年后，黑子数开始减少，达到谷值年。国际上规定 1755 年为太阳黑子活动周期的第一周，到 1912 年的那个周期已为 15 周。1912—2014 年中出现了 1938 年、1959 年、1968 年、1979 年、1989 年和 2000 年 6 个太阳黑子数的极大值年；出现了 1913 年、1964 年、1976 年、1986 年、1996 年和 2009 年 6 个太阳黑子数的极小值年。通过对太阳黑子极值年及其前后一年的霜雪低温分布特征与太阳黑子相对数的分析，以便对京津冀地区霜雪低温灾害与太阳黑子活动的具体关系进行分析。1912—2014年京津冀地区共发生147次霜雪低温灾害，其中发生在太阳黑子相对数极值年附近共计56次，占到灾害发生总次数的38％，且极大值年附近霜雪低温灾害的发生频次大于极小值年。因此在太阳黑子极大值年前后，京津冀地区要做好霜雪低温灾害的防御工作。

第3章 山西霜雪灾害与寒冷气候事件

3.1 研究区概况

　　山西位于华北平原西面的黄土高原东缘，因地处太行山以西而得名。四周山环水绕，表里河山，位于 $34°34'-40°44'N$、$110°14'-114°33'E$，东到东南倚太行山与河北、河南两省相邻，西和西南以黄河为界与陕西、河南相隔，北以外长城与内蒙古自治区接壤。

3.1.1 地形地貌

　　山西境内平均海拔 1000 m 以上，呈现整体隆起态势，称为山西高原。因地处黄土高原，经地质构造作用和流水侵蚀切割，地势高低起伏，谷岭交错，沟壑纵横，地貌类型复杂多样。山地占 40%，丘陵占 40.3%，平川与河谷占19.7%。境内地势大致为东北高、西南低。

　　按照地貌类型，可划分为东部山地区、西部高原山地区和中部断陷盆地区三个部分。东部山地区以阻挡东南湿润气流由华北平原进入山西的太行山脉为主，山脉东侧巍峨陡峭，西侧较为和缓。受河流切割侵蚀，多见横谷，称为"陉"，古有"太行八陉"之说，是沟通华北平原与山西高原的交通要道。西部高原山地区位于中部断陷盆地与黄河峡谷之间，以吕梁山脉为主脊，向南直抵黄河禹门口。山势北高南低，东坡陡直，西坡较平缓。中部断陷盆地包括大同、忻定、太原、临汾、运城五大彼此相隔、呈串珠状的断陷盆地。

3.1.2 气候特征

　　山西为大陆性季风气候，分属中温带和暖温带两个气候亚带。按干湿程度划分，大部分地区为半干旱气候，仅亚高山区及晋东南地区为半湿润气候。内长城以北的地区，属于温带半干旱气候；内长城至昔阳—太岳山—河津一线为暖温带半干旱气候；这条线以南为暖温带半湿润气候。与同纬度的华北平原相比，因地势较高而气温偏低，气候比较干燥。气候的主要特征是：冬季寒冷干燥少雨，时间长；夏季高温雨水集中，时间短；春秋两季短促，春季气候多变，秋季降温急剧。南北气候差异明显，各地温差悬殊，地面风向紊乱且风速偏小，日照充足，光热资源比较丰富。由于地理位置的关系和地形复杂程度，导致山西境内气象灾害频繁发生。

3.2　明代霜雪灾害与寒冷气候事件

3.2.1　历史沿革

从《明史·地理志》《中国行政区划通史（明代卷）》中山西政区沿革和谭其骧主编的《中国历史地图集》第 7 册明时期图组中万历十年（1582 年）山西一图中可知，明洪武元年（1368 年）置山西行中书省，洪武九年（1376 年）改为山西承宣布政使司，共辖 5 府 3 直隶州 77 县。设冀宁、河东、冀北、冀南 4 道，其中冀宁道辖太原府，河东道辖平阳府，冀北道辖大同府，冀南道辖潞安府、汾州府、辽州、沁州、泽州。

3.2.2　时间变化特征

3.2.2.1　等级变化特征

结合山西不同区域灾害发生时作物受灾温度和当地实际受灾温度，综合考虑灾害发生季节、持续时间、强度、受灾范围，人、畜、农作物受影响程度的大小和降水量等数据作为等级划分的标准（表 3-1）。将明代 277 年山西发生的 114 次霜雪低温灾害划分为 3 级。其中，轻度 22 次，占 19.3%；中度 66 次，占 57.9%；重度 26 次，占 22.8%。从不同等级霜雪低温灾害在时间上的变化（图 3-1）可知，明代晚期霜雪低温灾害发生最频繁，且灾害的强度最大，其次是中期，早期则频次和强度均最低。

表 3-1　明代山西霜雪低温灾害等级划分

等级	分级依据及温度范围	文献记载实例
1 级 轻度	文献中有"霜""陨霜""寒""大雨雪""大雪"等记载，但并未描述对生产、生活等的影响，−1.5 ℃＜温度＜−0.5 ℃	明成化二年十月（1466 年 11 月），代州大雪；明嘉靖二十九年（1550 年）夏，广灵霜
2 级 中度	文献中有"陨霜杀禾""杀稼""杀谷""杀麦"等对农作物造成比较严重的影响，政府"诏免租""大雪数日，深数尺"等，霜雪持续时间较长、受灾范围较大、减免受灾地区赋税等，−5 ℃＜温度≤−1.5 ℃	明弘治八年四月庚申（1495 年 5 月 1 日），榆社、沁源、襄垣、长子、陵川陨霜，杀麦、豆、桑；明万历二十年春三月（1592 年 4 月），荣河、临晋、猗氏大雨雪至三尺

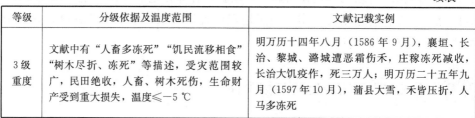

等级	分级依据及温度范围	文献记载实例
3级 重度	文献中有"人畜多冻死""饥民流移相食""树木尽折、冻死"等描述，受灾范围较广，民田绝收，人畜、树木死伤，生命财产受到重大损失，温度≤-5℃	明万历十四年八月（1586年9月），襄垣、长治、黎城、潞城遭恶霜伤禾，庄稼冻死减收，长治大饥疫作，死三万人；明万历二十五年九月（1597年10月），蒲县大雪，禾皆压折，人马多冻死

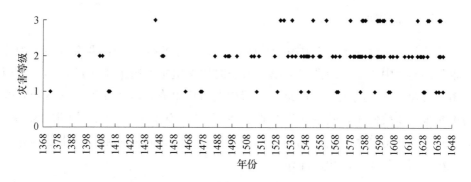

图 3-1　明代山西霜雪低温灾害等级变化

3.2.2.2　年际变化特征

以 30 年为单位，统计出明代山西霜雪灾害发生频次，同时根据最小二乘法意义下 6 次多项式的拟合曲线（图 3-2），可将霜雪灾害变化分为 3 个阶段：1368—1519 年为第一阶段，发生霜雪灾害 21 次，频次较低，占总次数的 18.4%；1520—1579 年为第二阶段，发生霜雪灾害 32 次，占总次数的 28.1%，霜雪灾害发生的频次逐渐增多；1580—1644 年为第三阶段，发生霜雪灾害 61 次，占总次数的 53.5%，霜雪灾害发生的频次最高。结合图 3-2 的数据分析可知，第一阶段以轻、中度灾害为主，第二、三阶段以中度和重度霜雪灾害为主，特别是第三阶段，频次和危害程度均更加剧烈。因此可以确定明代中、晚期是山西霜雪灾害的高发期，且强度较大。

明代每 30 年霜雪低温灾害发生的平均频次为 12.35 次，将平均频次与每 30 年实际发生的频次作差值，可以得出霜雪低温灾害频次的距平值与年代之间的关系（图 3-3）。图 3-3 表明，在 1368—1519 年的第一阶段，以负距平值为主，表明该阶段霜雪低温灾害频次低于平均频次，是霜雪低温灾害最少阶段；1520—1579 年的第二阶段，以正距平值（在 5 以下）为主，表明这个阶段的霜雪低温灾害频次高于平均频次，是霜雪低温灾害的中发期。1520—1644 年的第三阶段，为显著的正距平值（在 10 以上），是霜雪低温灾害最多阶段。

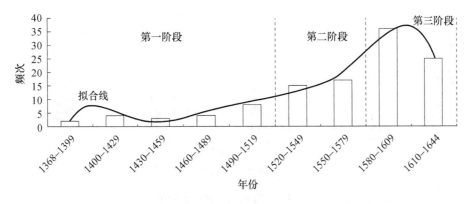

图 3-2　明代山西霜雪低温灾害发生频次与 6 次多项式拟合曲线

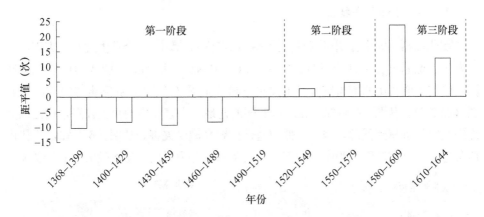

图 3-3　明代山西霜雪低温灾害频次距平值变化

3.2.2.3　季节变化特征

按山西明代霜雪低温灾害发生季节统计（图 3-4）可知，春季占 9.65%，夏季占 27.19%，秋季占 41.23%，冬季占 21.93%。这表明秋季霜雪灾害最多，其次是夏季，冬季第三，春季第四。从图 3-4 显示的霜雪灾害类型来看，霜冻灾害，秋季最频繁，其次是夏、春季；雪灾冬季最多，其次是夏、秋季；低温灾害以冬季为主，春、夏季也有发生。秋季霜雪灾害频繁，以霜灾最多；霜灾次多的是夏季；春季的霜雪灾害次数较少；冬季以低温和雪灾为主。

春末夏初是冬季风与夏季风交替作用的季节，气温的迅速回升与剧烈降温现象频繁出现，对作物的危害尤其明显。夏季的霜雪灾害发生在 5 月，对刚出土的农作物和开花的果树影响严重；发生在 6 月，对冬小麦的收割和倒茬作物的播种危害严重；发生在 7 月，对夏播作物和大秋作物的生长不利。

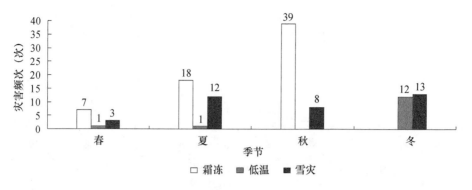

图 3-4　霜雪低温灾害季节分布

3.2.3　空间分布特征

明代山西 108 个县州所（只包括今山西境内），其中 57 个发生过霜冻灾害，12 个发生过低温灾害，34 个发生过雪灾。以《中国历史地图集》明代山西政区为底图，绘制了明代山西霜雪灾害发生频次空间分布图（图 3-5）和灾害等级空间分布图（图 3-6）。从图 3-5 可知，在地势低凹的盆地，灾害发生的频次较高，这是因为冷空气容易沉积到低部，因此，低凹地带更容易遭受灾害。从图 3-6 可知，明代山西各地发生灾害等级均为中、重度，这与冬季风势力对山西影响较大有直接关系。

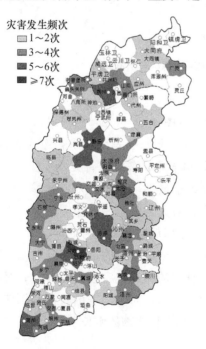

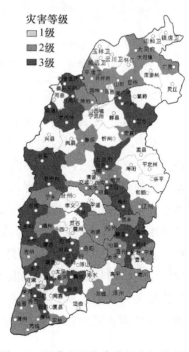

图 3-5　明代山西灾害频次空间分布图　　**图 3-6　明代山西灾害等级空间分布图**

3.2.4　周期规律

灾害的发生常存在周期规律，利用小波分析可以揭示霜雪低温灾害与气候波动的周期。利用小波函数对明代山西霜雪低温灾害频次数据进行分析，得到时间尺度/时间序列的关系图（图 3-7）。从图中可知，存在 3 个明显的集中区和 3 个明显的峰值，即在低等级层次中存在 2～3 年频率，在中等级层次中存在 9～14 年的频率，在高等级层次中存在 45～55 年的频率。这表明，明代山西霜雪低温灾害存在着 2～3 年、9～14 年和 45～55 年的周期。第二阶段周期信号特别明显，反映出这个阶段霜雪灾害发生的频率较高。

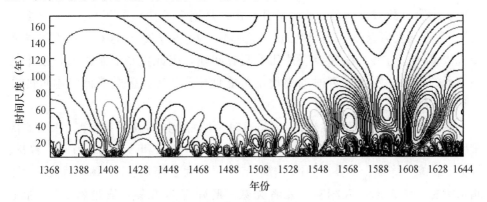

图 3-7　明代山西霜雪低温灾害小波分析

3.2.5　寒冷气候事件

明代山西共发生 4 次寒冷气候事件，分别出现在 1531—1533 年、1578—1588 年、1591—1607 年和 1631—1642 年。从寒冷气候事件发生的年代来看，均发生在第二、三阶段，特别是第三阶段，几乎是连续发生 3 次，并且与全省性的干旱事件同期爆发，使灾情更加严重，危害更甚。

第一次寒冷气候事件发生在 1531—1533 年，发生 3 次重度霜雪灾害，涉及洪洞、太谷、祁县、柳林、石楼、永和等县。洪洞"二麦无收"，柳林"禾尽杀，饥民流移相食"，太谷"百卉尽死，秋八月陨霜杀稼"。加上 1531—1533 年山西连续发生的大旱，使得农作物绝收，饥民流移，甚至发生人吃人的事件。小麦等粮食绝收，发生灾害时的当月平均气温应该低于−5 ℃，甚至更低，是比较严重的一次寒冷气候事件，灾情严重。

第二次寒冷气候事件发生在 1578—1588 年，发生 17 次霜雪灾害，其中 6 次重度、9 次中度、2 次轻度。涉及岳阳、临晋、猗氏、辽州、朔州、静乐、隰县、洪洞、赵城、翼城、解州、临汾、襄垣、长治、黎城、潞城、介休、岢岚、五寨、山阴、太谷、乡宁、绛县等几乎山西从南到北全境的州县，不仅"人畜冻死者甚众"，而且"发生饥荒，荒废并作，死者不计其数"。与此相关的是1585—1588年，山西连续发生大范围大旱。这是明代山西较为严重的一次极端寒冷气候事件，灾情严重，发生人畜冻死的现象，发生灾害时的周均温可能低于−5 ℃，极端最低气温可能在−15 ℃以下。

第三次寒冷气候事件发生在1591—1607年，发生22次霜雪灾害，其中7次重度、12次中度、3次轻度。涉及曲沃、文水、榆次、沁源、高平、五台、泽州、保德、偏关、代县、辽州、临县、隰县、临汾、静乐、荣河、临晋、猗氏、山阴、黎城、蒲县、阳曲等几乎山西从南到北全境的州县。"人马多冻死""鬻妻儿女者甚众，僵尸载道""且瘟疫，民甚苦久"。这是又一次极端寒冷气候事件，与第二次寒冷事件几乎没有间断，因此灾情更加严重，发生人畜冻死的现象，发生灾害时的周均温可能低于−5 ℃，极端最低气温可能在−15 ℃以下。

第四次寒冷气候事件发生在1631—1642年，发生13次霜雪灾害，其中5次重度、5次中度、3次轻度。涉及潞城、朔州右卫、永和、安邑、万泉、解州、神池、新绛、绛县、平鲁、介休、榆社、广灵、大宁等州县。"树多冻死""阴霜杀桑麦。秋无禾，人相食，死者无数。解州斗米九钱，安邑特灾"。加上1631—1644年山西连续发生的全省性大旱，使这次寒冷气候事件成为明代山西最为严重的一次极端寒冷气候事件，灾情严重，树木冻死，发生灾害时的周均温可能低于−5 ℃，极端最低气温可能在−15 ℃以下。

3.2.6 初、终霜冻日的变化

文献中关于初霜日和终霜日的确切记载很多，对其发生时间、地点、灾情都有明确的描述（表3-2）。从表3-2可知，明代初霜日最早出现的时间一般为农历七月，立秋与处暑节气之间，处暑时节出现频率最高；出现的地区为纬度较高的晋北地区和纬度较低而海拔较高的太行山区。最晚出现的日期一般为农历八月，八月十五左右出现的概率较高；发生的地区为海拔较高的吕梁山区。可见初霜日的纬向差异并不明显，而海拔影响却比较显著。终霜日最早出现的时间为农历二月或三月，地点为纬度较低，海拔也较低的晋南地区。最晚出现的时间大多在农历四月或五月，地点为纬度较高的晋中、晋北地区和海拔较高的太行山区。由此可见，终霜日与所处的纬度、海拔高度均密切相关。

表 3-2　明代山西初、终霜日与雪灾发生情况对照

类别	年　份	发生时间	发生地点	灾情
初霜日	明永乐七年（1409 年）	七月初三（8 月 13 日）	静乐	严霜杀禾殆尽
	明弘治十七年（1504 年）	七月十三日（8 月 22 日）	定襄	田禾遭霜打
	明万历二十九年（1601 年）	七月二十六日（8 月 23 日）	保德、偏关、代州	陨霜杀草，禾苗尽萎，民多流亡，鬻妻儿女者甚众
		八月初九日（9 月 5 日）	临县	严霜早降
	明万历三十八年（1610 年）	伏前（7 月 15 日）	定襄	干旱，又遭霜冻
	明天启四年（1624 年）	秋八月二日（9 月 14 日）	文水	陨霜杀禾
	明崇祯十二年（1639 年）	八月十五日（9 月 12 日）	永和	陨霜杀禾，饿死人民甚众
终霜日	明洪武二十六年（1393 年）	四月丙申（6 月 1 日）	榆社	陨霜损麦
	明弘治八年（1495 年）	四月庚申（5 月 1 日）	榆社、沁源、襄垣、长子、陵川	陨霜，杀麦、豆、桑
	明弘治九年（1496 年）	四月辛巳（5 月 16 日）	榆次	陨霜杀禾
	明万历十一年（1583 年）	四月二十三日（6 月 12 日）	静乐	陨霜杀稼
	明万历十三年（1585 年）	三月十三日（4 月 12 日）	洪洞	陨霜杀麦
雪灾	明嘉靖十年（1531 年）	正月望日（2 月 1 日）	洪洞	大雨雪，四昼夜不息，平地深三四尺，壕池皆盈，树枝多有压折者，二麦无收
	明万历十六年（1588 年）	八月二十三日（10 月 13 日）	绛县	大雪尺余
	明万历二十六年（1598 年）	五月初一（6 月 4 日）	五台	雨雪，麦豆皆死

　　山西现代 1970—2009 年平均初霜日为 10 月 6 日、平均终霜日为 4 月 11 日。从表 3-2 的统计中可知，明代有明确日期记载的初霜日均早于 1970—2009 年的平均初霜日，最早出现的是 8 月 13 日，最晚出现的是 9 月 14 日，与 1970—2009 年的平均初霜日相比，提早 1～2 个月。终霜日出现的日期均晚于 1970—2009 年的平均终霜日，最晚出现在 6 月 12 日，与 1970—2009 年的平均终霜日相比，推迟 2 个多月。由于统计数据较少，虽不足以说明整个明代的情况，但从统计的 11 个数据情况来看，发生在第一阶段的有 5 次，第二、三阶段共有 6 次。其中第一阶段有 3 次发生的时间处在第一阶段向第二阶段转换的时间，这指示出第一阶段气候向第二阶段逐渐变冷的趋势。明代与现代霜冻日发生日期的比较也显示，明代的气候明显比现代冷。

3.2.7　灾害发生的温度

据文献记载和统计，山西的霜雪灾害几乎全年都有发生。特别春夏之交的3—5月发生霜雪灾害，对冬小麦的危害最严重。小麦叶片结冰存在着霜冻临界叶温，约为－6.4 ℃，如果最低叶温低于这个临界叶温，结冰的叶片解冻后受到伤害，如果最低叶温高于这个临界值，结冰叶温解冻后就能正常生长。而且当气温降到0 ℃时冬小麦幼穗开始受害，－1 ℃时植株和小穗就发生死亡。苹果树、梨树等果树在3、4月份的花期气温降到－1～－2 ℃时便会受到冻害，－3～－4 ℃的低温便可发生严重损伤。几乎所有植物的细胞膜在－10 ℃下可结冰水均可冻结，但许多植物要在更低的温度条件下才会致死。历史文献中关于小麦等作物在低温遭到严重受损或死亡的记述较多，是判别当时温度的重要依据。而小麦品种不一样，抗寒能力也就不同，低温敏感型的小麦品种在低温致死的临界温度是－19～－17 ℃。1954年4月20日，山西全境发生严重的春霜冻灾害，使小麦遭受严重损失。晋中地区的汾阳，当霜冻最低气温达－9 ℃时，小麦的冻死率为70%；晋南地区的临汾，当霜冻最低气温达－6.8 ℃时，小麦的冻死率为70%～80%；襄汾当霜冻最低气温达－5 ℃时，小麦的冻死率为80%；闻喜当霜冻最低气温达－4.8 ℃时，小麦的冻死率为90%（卜慕华，1957）。可见，当霜冻灾害最低气温低于－5 ℃时，山西地区的小麦将遭受严重冻害，冻死率超过70%，这可以说明明代小麦冻死时期的温度。

对于明代的气温变化，王绍武（1990）选择太原、北京、郑州、济南、徐州5个气象站点气温的平均数据，对公元1380年以来华北地区气温序列进行了重建。结果表明，明代10年平均气温距平值冬季最低达－1.8 ℃，其他各季在－1.4～－1.1 ℃。根据中国气象科学数据共享服务网提供的太原1971—2000年的累年各月平均气温数据，太原与以上5个地区气温的平均值相比，冬季低3.8 ℃，春季低2.4 ℃，夏季低2.6 ℃，秋季低3.6 ℃。由于太原地处山西地区中心地带，因此可以作为整个地区的平均状况，据此估算，明代山西10年平均气温距平值冬季最低达－5.6 ℃，春季最低达－3.8 ℃，夏季最低达－4.0 ℃，秋季最低达－5.0 ℃。参考王绍武的研究改绘而成明代山西四季气温的10年平均距平序列图（图3-8）。

从图中可知，明代山西气候的第一阶段，年均气温距平值为－1.0～－2.0 ℃。第二阶段，年均气温距平值为－1.5～3.0 ℃。这两个阶段的年均气温比现代低1.0～2.0 ℃。第三阶段，年均气温距平最低值≤－3.0 ℃，可见这一阶段为明代气候最为寒冷的阶段，春冬季节异常寒冷，导致霜雪灾害频发，且强度较大，寒冷气候事件不断，这一阶段的年均气温比现代至少低2.0～3.0 ℃。

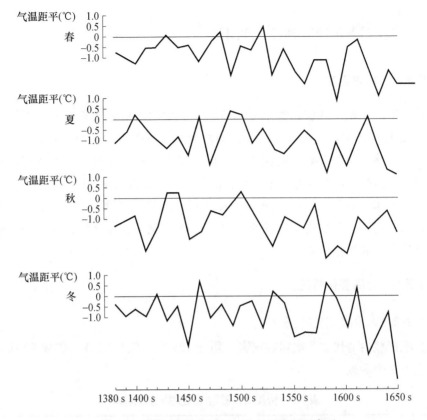

图 3-8 明代山西四季气温 10 年平均距平序列

　　根据上述研究成果，以小麦叶片的霜冻临界温度−6.4 ℃为受损温度临界值，那么在−6.4～−1 ℃就是小麦麦苗、麦穗死亡和果树受损的温度范围，将此标准确定为轻、中度霜雪灾害温度范围。当最低温度<−6.4 ℃时，表明发生了重度灾害；如果平均气温降至−19～−17 ℃，则霜雪灾害的危害程度更加严重。过去的小麦品种单一，对霜雪灾害发生时的温度指示性更强，当时小麦冻死能够指示最低温度低于−6.4 ℃。研究表明，山西地区气温<−5 ℃时，小麦遭受严重冻害。结合 1949—2000 年山西霜雪灾害发生时的气温记录综合分析，将明代山西地区霜雪灾害发生时的温度范围确定为：−1.5 ℃<1 级（轻度）温度≤−0.5 ℃，−5 ℃<2 级（中度）温度≤−1.5 ℃，3 级（重度）温度≤−5 ℃，特别是当最低气温低于−15 ℃时，文献中记载出现冻死人畜的情形来看，这个结果还是比较可信的。由于明代没有准确的气象记录资料，以小麦的临界温度和 20 世纪霜雪灾害发生的实际温度来恢复明代霜雪灾害的受灾温度具有一定的科学性和合理性，同时也具有一定的局限性。

3.3 清代霜雪灾害与寒冷气候事件

3.3.1 历史沿革

清承明制，设山西省，省治太原府。以《中国历史地图集》第8册清时期图组的嘉庆二十五年（公元1820年）山西行政区划图中的府州县名为准，共辖9府10直隶州6厅85县。设冀宁、河东、雁平、归绥4道，其中冀宁道辖太原、潞安、汾州、泽州4府，平定州、沁州、辽州3直隶州；河东道辖平阳、蒲州2府，霍州、解州、绛州、隰州4直隶州；雁平道辖大同、宁武、朔平府3府，忻州、代州、保德州3直隶州；归绥道辖归化城、绥远城、托克托、清水河、萨拉齐、和林格尔6厅。

3.3.2 时间变化特征

3.3.2.1 等级变化特征

文献记载的清代252次霜雪灾害（霜冻126次，低温31次，雪灾95次）划分为以下3个等级（表3-3）。

表3-3 清代山西霜雪低温灾害等级划分

等级	分级依据	文献记载	次数
1级轻度	文献中有"霜""陨霜""寒""大雨雪""大雪"等记载，但并未记载对人民生产、生活产生的影响	顺治二年八月（1645年9—10月），垣曲陨霜；顺治十年春三月朔（1653年3月29日），介休雨雪	霜冻，35次 低温，12次 雪灾，33次
2级中度	文献中有"陨霜杀禾""杀稼""杀谷""杀麦"等对农作物造成比较严重的影响，政府"诏免租""黄河冰坚"等霜雪持续时间较长、受灾范围较大、减免受灾地区赋税等	顺治六年秋八月（1649年9月），太原州县陨霜杀稼；康熙五十五年春（1716年），翼城大风寒，无麦	霜冻，82次 低温，10次 雪灾，33次
3级重度	文献中有"人畜多冻死""野兽饿死无数""树木冻死、冻枯""井冻""冰冻地裂""大雪四十余日""连岁霜旱"等描述了受灾范围较广，持续时间长，大量田亩绝收，有人畜、树木死伤，人民生命财产受到重大损失	康熙八年四月二十二日至二十三日（1669年5月21—22日），辽州大风雪，树木压折，凛冽如冬，牛羊冻死；道光十一年十一月（1831年12月），稷山大雪连日，平地三尺，道光十二年十二月（1832年1月）又大雪，冬寒甚，北乡数百年柿树尽被冻枯，野兽饿死无数	霜冻，9次 低温，9次 雪灾，29次

　　按以上等级划分表，将清代山西霜雪灾害等级划分表示在图 3-9 中，其中轻度 80 次，占 31.7%；中度 125 次，占 49.6%；重度 47 次，占 18.7%。

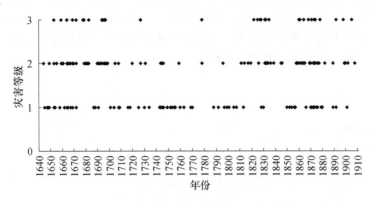

图 3-9　清代山西霜雪低温灾害等级变化

3.3.2.2　年际变化特征

　　根据霜雪灾害发生的频次变化，以 10 年为单位，统计出了清代山西各时段霜雪灾害发生频次，同时绘制最小二乘法意义下 6 次多项式拟合曲线（图 3-10）。根据霜雪灾害频次差异，将灾害变化分为 4 个阶段，1644—1703 年为第一阶段，发生 87 次，平均每年发生 1.45 次；1704—1823 年为第二阶段，发生 55 次，平均每年发生 0.46 次；1824—1883 年为第三阶段，发生 94 次，平均每年发生 1.57 次；1884—1911 年为第四阶段，发生 16 次，平均每年发生 0.57 次。根据霜雪灾害等级变化可知在第一、三阶段以中度和重度霜雪灾害为主，第二、四阶段以轻、中度灾害为主，因此可以判断清代早期和晚期是山西霜雪灾害的高发期且强度较大。

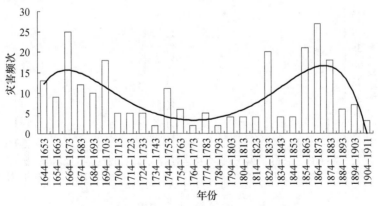

图 3-10　清代山西霜雪低温灾害发生频次与 6 次多项式拟合曲线

将每10年实际发生的频次与清代268年每10年平均频次做差值，可以得出灾害频次的距平值（图3-11）。1644—1703年的第一阶段和1824—1883年的第三阶段，以正距平值为主，灾害频次高于平均频次，是霜雪灾害的高发期。1704—1823年的第二阶段和1884—1911年的第四阶段，以负距平值为主，灾害频次低于平均频次，是霜雪灾害低发期。

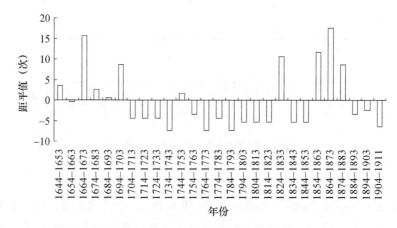

图3-11　清代山西霜雪低温灾害频次距平值变化

3.3.2.3　季节变化特征

按发生季节划分，清代252次霜雪灾害中，春季67次，占26.6%；夏季37次，占14.7%；秋季98次，占38.9%；冬季50次，占19.8%（图3-12）。从图3-12可知，霜灾8、9月最多，4、5月次之，说明夏秋之交、春夏之交是霜冻多发季节。低温1月最多，这与山西最低气温出现在1月有关。雪灾多发生在春、冬季。

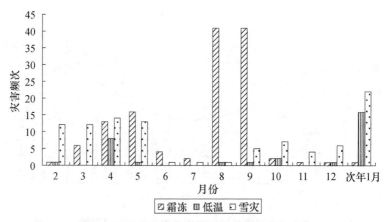

图3-12　清代山西霜雪低温灾害频次月际变化

从灾害等级与发生的月际变化（图 3-13）可知，中、重度灾害的发生与季节关系密切，在气温较低的冬、春、秋季，中、重度灾害发生的概率更高。从图中可知，秋季以 7、8 月霜灾最多，这与霜雪开始于秋季有关。春季雪灾最多，发生了 38 次，比冬季还多 8 次。夏季霜冻次数总和甚至超越了春季，3、4 月次数仅次于秋季的 7、8 月，说明春夏之交是霜冻多发季节。冬季主要以低温和雪灾为主。从清代山西霜雪灾害的季节变化，反映出清代整体气温偏低，容易出现霜雪灾害。

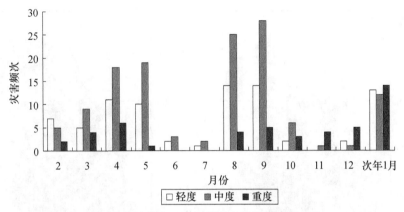

图 3-13　清代山西霜雪低温灾害等级月际变化

秋季下霜或雪过早，会使地面温度降到 0 ℃以下，使正在发育的农作物受到危害甚至死亡，对秋季作物的收成产生重大影响，严重的造成饥荒发生。例如，1697 年秋，和顺、保德、静乐、临县、汾阳、蒲县、沁州等地，严霜杀禾殆尽，致使人民大饥，四处流散，草根树皮食尽，甚至卖儿卖女，饿死的人不计其数。夏季是植物生长旺季，入夏剧烈的降温对作物的危害更为明显。夏季的霜雪灾害发生在农历四月，对刚出土的农作物和开花的果树影响严重。发生在五月的霜雪灾害，对冬小麦的收割和倒茬作物的播种危害严重。发生在六月的霜雪灾害对夏播作物和大秋作物的生长不利。如，1846 年四月二十六日，榆次、太谷陨霜杀蔬菜、花卉。1865 年四月二十一日，文水陨霜杀麦。冬季和春季的霜雪灾害，对冬小麦等农作物和家禽、家畜的越冬影响巨大。如，1862 年，临晋、猗氏陨黑霜杀稼。1892 年，冬，荣河雨雪三尺，牛羊、果树多冻死。有的地区甚至同一年，霜冻、低温、雪灾连续发生，如，1697 年，春，武乡苦雪，秋后陨霜，人民逃散，饿死至半。

3.3.3　空间分布特征

山西清代 105 个州县（不包括今属内蒙古的地区），有 95 个发生过霜雪灾害。以《山西省历史地图集》清代政区为底图，绘制了清代山西霜雪灾害发生频次空间分布图（图3-14）和灾害等级空间分布图（图3-15）。从图3-14可知，在海拔较高的太行山、吕梁山，且处于冬季风迎风坡的地区，灾害发生的频次较高；而海拔较低的盆地和山地的背风坡，灾害发生的频次较低。从图3-15可知，清代山西霜雪灾害的等级呈集中连片分布，这与冬季风的来向和强度有直接关系。从山西清代霜雪灾害发生频次与等级的空间分布看，其纬度地带性不明显。

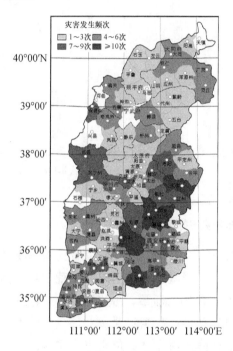 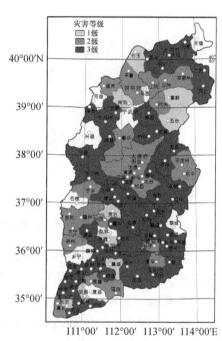

图3-14　清代山西灾害发生频次　　　图3-15　清代山西灾害等级空间分布图
　　　　空间分布图

3.3.4　周期规律

利用Morlet小波对清代山西霜雪灾害等级、频次数据进行处理分析，得到时间序列/频率的关系图（图3-16）和频率方差/频率的关系图（图3-17）。从图中可知，存在4个明显的集中区和3个明显的峰值，即在低等级层次中存在2～3年频率，在中等级层次中存在15年左右的频率，在高等级层次中存在40年左右的频率。这表明，清代山西霜雪灾害存在着轻度2～3年的周期，中度存在着15年的周期，重度以上存在着40年左右的周期。第一阶段和第三阶段周期信号特别明显，反映出这两个阶段霜雪灾害发生的频率较高。

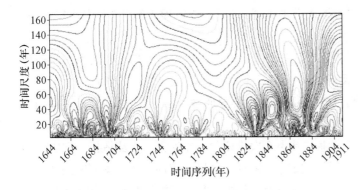

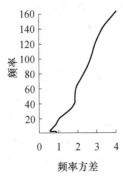

图 3-16　清代山西霜雪灾害小波分析图　　　图 3-17　清代山西霜雪
灾害小波方差图

3.3.5　寒冷气候事件

据统计，清代山西共发生 3 次寒冷气候事件，分别出现在 1669—1672 年、1690—1699 年和 1830—1836 年。出现 2 次异常寒冷灾害年，分别是 1653 年和 1892 年。

第一次寒冷气候事件发生 1669—1672 年，出现 14 次霜雪灾害，其中 4 次重度、7 次中度、3 次轻度。涉及榆次、太谷、辽州、五寨、岢岚州、吉州、荣河、解州、芮城、永济、文水、长子等地，"辽州大风雪，树木压折，凛冽如冬，牛羊冻死""文水大雨雪，严寒，途人多冻死者""黄河坚冰，车马行其上如陆"。这次寒冷气候事件，发生人畜冻死、山西南部黄河结冰的现象。

第二次寒冷气候事件发生在 1690—1699 年，出现 22 次霜雪灾害，其中 4 次重度、17 次中度、1 次轻度霜雪灾害。涉及山西全境，长治、襄垣、陵川、保德、蒲州、和顺、盂县、岚县、临县、永宁州、中阳、方山、永和、隰县、大宁、古县、静乐、辽州、沁源、武乡、乐平、榆次、安泽、阳高、蒲县、绛县、垣曲、沁县、介休、平远卫等，特别是保德、和顺等地连年灾害，"严霜杀稼，黍、豆、谷、荞等农作物未熟冻枯""严霜杀稼，收成减半，民大饥""人民逃散，饿死者近半数""保德连岁霜旱"。这是清代山西第一次极端寒冷气候事件，并与 1691—1692 年、1697—1698 年的特大干旱重叠在一起，使得灾情更加严重。

第三次寒冷气候事件发生在 1830—1836 年，出现 18 次霜雪灾害，其中 9 次重度、8 次中度、1 次轻度。涉及阳城、高平、榆次、汾阳、文水、寿阳、浑源、崞县、盂县、隰州、岳阳、灵丘、怀仁、定襄、忻州、安泽、武乡、沁源、沁县、沁水、襄垣、潞城、壶关、沁源、泽州、陵川、朔州、解州、绛县、新绛、稷山、河津、万荣、曲沃、太平等地，这是清代山西第二次极端寒冷气候事件，"冻死树木无数""行旅人畜多冻毙者""野兽饿死无数""寿阳连岁蚤霜，本年又霜，斗米价至一千六百余"。

1653 年出现 6 次霜雪灾害，其中 3 次重度、1 次中度、2 次轻度。涉及范围广，安泽、介休、广灵、阳高、灵丘均发生灾害，时间为三月、九月、十一月和十二月，导致"大雪三月，居民不能樵采，拆毁庐舍一空，死亡枕藉"，进而引发瘟疫。

1892 年出现 4 次霜雪灾害，其中 2 次重度、2 次轻度。涉及临县、方山、岳阳、浮山、临晋、芮城、偏关、长治、和顺、吉州、荣河等地，影响范围较大，灾情严重，"冬，临县大冻灾。方山特大冻灾""冬，临晋奇寒，黄河结冰，自龙门至于砥柱，行人车马履冰而渡，花木冻死甚多""冬，荣河雨雪三尺，严寒，牛羊果树多冻死"。

清代的 3 次寒冷气候事件和 2 次异常寒冷灾害年，均发生在霜雪灾害高发的第一阶段和第三阶段。影响范围广，危害程度重，给人们的生命和财产造成了巨大的损失。

清代是中国近 5000 年的第四个寒冷期，寒冷期恰恰也是霜雪灾害发生频次较多的年代。郭其蕴等（1990）的研究表明，在 El Nino 发生前的冬季，冬季风偏强；El Nino 发生当年的冬季，冬季风偏弱；冬季风高压的强度在中国冬季气温变化中起着决定性的作用，偏强则北方偏冷，偏弱则北方明显偏暖。可见，El Nino 发生后，我国当年冬季温度偏高的概率较大。这与文献记载，在清代 58 个 El Nino 年出现霜雪灾害事件很少的史实相吻合。清代山西出现如此多的霜雪灾害现象，主要原因是冬季风持续时间长，势力强劲，形成大范围的降温，致使地面气温冷却至 0℃ 以下，使得本不应该出现大雪的夏季、秋季，出现大范围降雪，引发灾害。

3.3.6 初、终霜冻日的变化

文献中记载清代确切的初、终霜冻日期很多。初霜日：乾隆二十一年七月二十八日（1756 年 8 月 23 日），和顺陨霜杀稼。嘉庆四年七月二十三日（1799年 8 月 23 日），榆社水成冰。最晚出现在农历八月，嘉庆二年八月十七日（1797年 10 月 6 日），榆社地冻。道光十五年八月十六日（1835 年 10 月 7 日），沁县、襄垣、潞城、壶关严霜，秋禾全冻毁。最早 8 月 23 日，出现在和顺与榆社，地处海拔较高的太行山区；最晚 10 月 7 日，出现在潞城等地，属于海拔较低的上党盆地。初霜日纬向差异并不明显，而海拔影响却比较显著。

终霜日：同治元年二月初九日（1862 年 3 月 9 日），运城陨霜伤麦。同治三年二月初八（1864 年 3 月 15 日），荣河陨霜，麦叶尽枯。乾隆二十八年五月初二日（1763 年 6 月 12 日），和顺陨霜伤苗。道光二十六年四月二十六日（1846 年 5 月 21 日），榆次、太谷陨霜杀蔬菜、花卉。最早 3 月 9 日，出现在南部的运城，纬度偏南，海拔较低；最晚 6 月 12 日，出现在地处太行山的和顺，纬度偏北，海拔较高。由此可见终霜日与所处的纬度、海拔均密切相关。

清代的初、终霜日与明代的相比（表 3-4），初霜日晚 10 天出现，早 6 天结束，缩短 16 天；终霜日出现日期早 1 个月，结束时间相同，延长了 1 个月。综上可知，清代的无霜期比明代短半个月，终霜日时间长，表明春夏之交的气温比明代偏低。

表 3-4　山西地区清代与明代初、终霜日对照

朝　代	初霜开始日	初霜结束日	终霜开始日	终霜结束日
清代	8 月 23 日	10 月 7 日	3 月 9 日	6 月 12 日
明代	8 月 13 日	10 月 13 日	4 月 12 日	6 月 12 日

3.3.7　灾害发生的温度

如果以五台、太原、运城分别代表山西的北、中、南部，根据中国气象科学数据共享服务网提供的数据，可获得这 3 个地区在 1971—2000 年的累年各月平均气温和累年各月极端最低气温，分别将这 3 个地区的这两项温度值进行平均，可得到表 3-5，以此代表山西 1971—2000 年累年各月平均气温和累年各月极端最低气温。

表 3-5　山西主要站点 1971—2000 年累年各月平均最低气温和极端最低气温

气温（℃）	1 月	2 月	3 月	4 月	5 月	6 月	7 月	8 月	9 月	10 月	11 月	12 月
平均气温	−7.8	−4.9	0.8	8.2	14.1	18.4	20.3	19.1	13.8	7.4	−0.03	−6.0
极端最低温	−27.0	−24.5	−19.9	−10.8	−4.4	3.0	7.7	6.2	−4.0	−11.9	−21.5	−24.4

根据前面的论述，可确定轻、中度霜雪灾害的温度发生范围为 −6.4～−1 ℃，即小麦麦苗、麦穗死亡和果树受损的温度范围；重度霜雪灾害的温度范围为 −19～−17 ℃，即小麦低温致死的范围，主要发生在农历十、十一、十二、一、二、三、四月。文献中记载"人畜多冻死"的现象，属于重度霜雪灾害，当时温度应在 −17 ℃以下，否则不会出现冻死人畜的现象。从而证明恢复的重度霜雪灾害的温度范围（−19～−17 ℃）是合理的。恢复的温度是当时最高温度，虽然恢复的温度偏高，但结果是可信的。由此，可对山西在农历一到十二月发生霜雪灾害时最低气温作出大致恢复（表 3-6）。

表 3-6　清代山西霜雪低温灾害发生时恢复的温度范围

农历月份	轻、中度灾害温度范围（℃）	重度灾害温度范围（℃）	主要的霜雪灾害灾情描述
一	−6.4～−1.3	−19～−17	1744 年，春正月，曲沃大寒，井中结冰
二	−6.4～−1	−19～−17	1672 年，二月，文水大风雪，严寒，途人多冻死者
三	−6.4～−1	−19～−17	1664 年，三月，晋州骤寒，人有冻死者
四	−6.4～−1	−19～−17	1669 年，四月二十二日至二十三日，辽州大风雪，树木压折，凛冽如冬，牛羊冻死
五	≤0	—	1665 年，五月，长治霜，禾苗尽损
六	≤0	—	1665 年，六月，长子陨霜，禾多萎
七	≤0	—	1695 年，七月二十三日，和顺严霜杀稼，黍、谷、豆、荞等农作物未熟冻枯
八	≤0	−6.4～−1	1705 年，八月，沁州陨霜，莜麦尽死，谷粒皆秕
九	−6.4～−2.3	−9.5～−6.4	1678 年，九月，武乡、襄垣下大雪，庄稼被冻死，发生饥荒
十	−6.4～−1	−19～−17	1831 年，冬十月，太平大雪，厚三尺余，树木冻死甚多
十一	−6.4～−2.6	−19～−17	1868 年，十一月，崞县天冷异常，行人多冻死
十二	−6.4～−3.8	−19～−17	1831 年，十二月，稷山又大雪，冬寒甚，北乡数百年柿树尽被冻枯，野兽饿死无数

3.4　近百年来霜雪灾害与寒冷气候事件

3.4.1　历史沿革

民国元年（1912 年），原归绥道所属地区脱离山西省，建立绥远省（今属内蒙古自治区）。1914 年 5 月，山西分设冀宁道、雁门道、河东道 3 道辖 105 县。抗日战争时期，在山西境内设太行、太岳、晋西北等行政公署。1949 年 8 月，撤销太行、太岳、太原 3 行政区和陕甘宁边区的晋南、晋西北 2 区，合并设立山西省，省政府驻太原市，下辖兴县等 7 专区和太原市，共辖 92 县。目前，山西设太原等 11 个地级市，共辖 117 个县级行政单位。

3.4.2　时间变化特征

3.4.2.1　等级变化特征

将统计区间（1901—2000 年）的 433 次灾害划分为 3 级，其中，轻度 68

次，占15.7%；中度269次，占62.1%；重度96次，占22.2%（表3-7）。从不同等级灾害在时间上的变化（图3-18）可知，1948年以后霜雪低温灾害发生频繁，强度较大。

表3-7　山西1901—2000年霜雪低温灾害等级划分

等级	分级依据	文献记载	次数
1级 轻度	资料中有"霜冻""大雪"等记载，持续时间短，范围小，作物受冻、粮食减产情况较轻，对人民生产、生活影响较小，−2℃<1级气温<0℃	民国三年（1914年）五月，武乡大雪；民国五年（1916年），壶关霜旱；1951年春，大宁霜冻，麦苗受冻	68
2级 中度	资料中记载有"陨霜杀麦、伤麦"等，冻死作物，持续时间较长、范围较广，对生产、生活影响较大，造成比较严重减产，−5℃<2级气温≤−2℃	民国七年（1918年）春，永和陨霜杀麦；1951年，朔州早霜，冻死谷子、豆类	269
3级 重度	资料中有连续多次发生霜冻、冻死人畜、鸟兽、树木、作物等描述，范围广，时间长，频次多，使生命财产受到重大损失，3级气温≤−5℃	民国十八年（1929年），十一月，临汾、汾西严寒，树木、鸟兽多冻死；1954年4月18—20日，山西中南部连日出现终霜冻，气温降至−5℃，54个县受灾，临汾地区最重	96

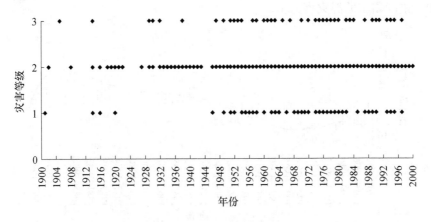

图3-18　山西1901—2000年霜雪低温灾害等级变化

3.4.2.2　年际变化特征

根据资料，以2年为单位统计出1901—2000年山西发生的霜雪低温灾害频次（图3-19）。可见1901—2000年山西霜雪低温灾害的发生频次呈递增趋势。

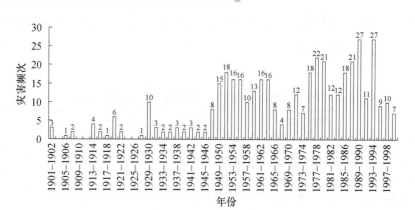

图 3-19　山西 1901—2000 年霜雪低温灾害发生频次

1901—2000 年每 2 年霜雪低温灾害发生的平均频次为 14.38 次，将平均频次与每 2 年实际发生的频次作差值，可以得出每 2 年灾害频次的距平值，同时绘制最小二乘法意义下 6 次多项式拟合曲线（图 3-20）。该图明显地反映出 1901—2000 年山西霜雪低温灾害的变化趋势和阶段性特点。可分为 4 个阶段，1901—1948 年为第一阶段，1949—1964 年为第二阶段，1965—1974 年为第三阶段，1975—2000 年为第四阶段。第一、三阶段距平值主要为负值，灾害发生频次较低，以轻、中度灾害为主。第二、四阶段距平值主要为正值，灾害频次较高，以中、重度霜雪低温灾害为主。

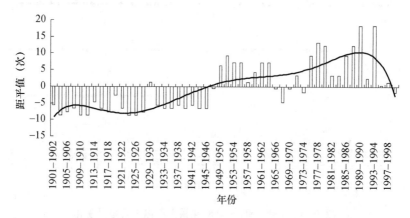

图 3-20　山西 1901—2000 年灾害频次距平值变化与 6 次多项式拟合曲线图

3.4.2.3　季节变化特征

灾害的发生具有季节性特点，霜冻集中在 4 月、5 月和 9 月，合计 203 次，占所有霜冻灾害的 84.6％。低温集中在 3 月、4 月和 5 月，合计 81 次，占所有低温灾害的 73.0％。雪灾集中在 12 月、3 月、4 月和 5 月，合计 51 次，占所有雪灾的 63.0％（图 3-21）。分析可知，春夏之交的 3 月、4 月和 5 月霜雪低温灾害发生的频次最高，3 类灾害发生的概率均较高。春、夏之交气温迅速回升，植物生长旺盛，剧烈的降温对作物的影响明显，对春播刚出土的农作物、开花的果树和冬小麦的生长危害严重。秋冬之交的 9 月以霜冻为主，居首位。秋季下霜或下雪过早，会使地面温度降至 0 ℃以下，使正在发育的农作物受到危害甚至死亡，对秋季作物的收成产生重大影响，严重的造成饥荒。冬、春季的灾害，对冬小麦等农作物和家禽、家畜的越冬影响巨大，会发生冻死牲畜的事件。

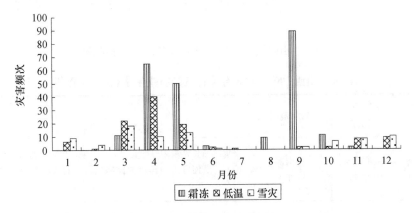

图 3-21　山西 1901—2000 年灾害频次的月际变化

3.4.3　周期规律

利用小波分析对山西霜雪低温灾害的时间与频次数据进行处理分析，得到时间与频率的序列关系图（图 3-22）。从图中可知，存在多重时间周期尺度上的周期嵌套复杂结构现象，不同阶段的同一周期振荡以及同一阶段的不同周期振荡所表现出来的强弱程度是不一样的。在 1929—1930 年、1951—1956年、1960—1964 年、1975—1983 年、1987—1995 年有 5 个明显的集中区，有明显的峰值。近百年的霜雪低温灾害存在 2～3 年、5～8 年和 25～35 年的周期。第二、四阶段周期信号特别明显，反映出这两个阶段灾害发生的频率和强度较高。

3.4.4　寒冷气候事件

山西共发生 4 次寒冷气候事件，分别出现在 1929—1930 年、1953—1954年、1977—1980 年和 1993—1995 年；异常寒冷灾害年出现 3 次，分别是 1960年、1987 年和 1990 年（表 3-8）。

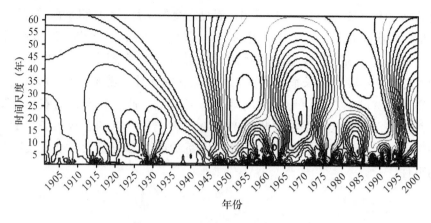

图 3-22　山西 1901—2000 年霜雪低温灾害小波分析

表 3-8　山西 1901—2000 年寒冷气候事件与异常寒冷灾害年

年份	灾害强度与次数	影响范围	灾　情
1929—1930 年	重度 7 次中度 3 次	中南部17 个县	降雪时间长，积雪厚度大；天气严寒，牛羊、树木、鸟兽多冻死；黄河自禹门至潼关冰冻成桥，七八尺深的水井结冰尺余
1953—1954 年	重度 5 次中度 8 次轻度 3 次	中南部包括太原等 6 个地区 54 个县	1953 年遭受 30 年来最严重的晚霜冻害，小麦、葡果、菜苗普遍受冻，死苗严重；1954 年 4 月中南部连日出现终霜冻，临汾气温−6.8 ℃，受灾最重；同年冬季，万荣严寒，汾河、黄河结冰 2 个月之久
1960 年	重度 5 次中度 5 次轻度 2 次	全省大部分地区	4 月汾阳气温−8.2 ℃；5 月吕梁山与太行山连续降大雪，最厚达 60 cm，小麦、棉花、玉米、瓜菜等幼苗及果树花遭受严重冻灾，冻死牛、羊、猪等牲畜；10 月平遥气温骤降至−6 ℃，高粱、莜麦、荞麦、棉花被冻干枯，羊冻死
1977—1980 年	重度 14 次中度 22 次轻度 7 次	全省大部分地区	1977 年 1 月太原最低气温达−22 ℃，运城达−16 ℃；5 月全省大部最低气温−5～−1 ℃，降暴雪，冻死农作物，北部地区冻死羊等家畜；1978 年 9 月霜期比常年早 8～10 d，气温降至−6～−3 ℃，大秋作物受冻；1979 年 2 月全省大部持续降雪 3～4 d，降雪量 15～20 mm，最大雪深 15～30 cm；5 月上旬，降大雪，积雪最厚达 70 cm，最低气温−5 ℃，已出土的禾苗全部被冻死；8 月下旬至 9 月，出现 1949 年以来最早的初霜冻，部分庄稼被冻死；1980 年 5 月，北部气温降至−8～−5 ℃，大秋作物等普遍受灾；9 月北部地区霜冻较常年提前，大秋作物全部冻死

续表

年份	灾害强度与次数	影响范围	灾　情
1987 年	重度 5 次 中度 7 次 轻度 1 次	全省大部分地区	5 月，雁北地区连续出现霜冻；6 月，雁北和忻州地区部分县出现"六月黑霜""六月雪"，冻死农作物、羊数千只，大牲畜多头；10 月底，全省降雪，持续 2~3 d，北、中部降雪量最大达 32.4 mm，积雪最厚达 50 cm，小麦、大白菜受害严重；11 月底，运城地区日降雪量超过 10 mm，积雪长达 12 d，大白菜普遍冻烂，交通受阻
1990 年	重度 9 次 中度 6 次 轻度 1 次	全省大部分地区	3 月下旬至 4 月上旬，全省大部最低气温 −10~−8 ℃，降雪量最大达 53.3 mm，积雪最深达 84 cm，小麦、油菜、蔬菜秧苗全部冻坏，冻死羊几万只，大牲畜几百头；9 月，霜冻比常年提前，庄稼被冻死
1993—1995 年	重度 13 次 中度 18 次 轻度 4 次	全省大部分地区	1993 年 4 月上旬，中北部最低气温 −8.3 ℃，小麦、蔬菜、葡果受冻严重；9 月中下旬，中北部连续降霜，秋作物大面积死亡；11 月中下旬，全省出现了 1949 年以来最早、范围最广、强度最大、历时最长的降温和降雪天气，小麦、葡果、蔬菜大面积受冻严重；1994 年 4 月，晋东南暴雪，持续 30 多个小时，降雪量 55 mm，小麦、核桃树等遭冻害；11 月中旬，晋东南、临汾地区暴雪，降雪量最大达 54.4 mm，积雪最深达 27 cm。1995 年 4 月、5 月，中北部最低气温达 −8.1 ℃，小麦、蔬菜等农作物和果树受冻成灾；9 月中下旬，全省连续多次出现大范围霜冻，较常年提前 7~10 d，气温 −5 ℃，涉及 9 个地市，大秋作物大面积冻死

　　近 100 年来现代气象仪器观测的气温资料，为山西霜雪低温灾害的阶段划分提供了科学的佐证。1949 年以后的资料中有受灾气温记录，其变化幅度，北部为 −25.6~−0.8 ℃，中部为 −22~−1.3 ℃，南部为 −18.9~−1.4 ℃。当气温降到 0 ℃时冬小麦幼穗开始受害，−1 ℃时植株和小穗就发生死亡。苹果树、梨树等果树在 3 月、4 月份的花期气温降到 −2~−1 ℃时便会受到冻害，−4~−3 ℃的低温便可产生严重损伤。小麦叶片结冰存在着临界叶温，约为 −6.4 ℃。

　　春、秋季是山西霜雪低温灾害的高发期，结合 1916 年以来器测数据的研究表明，1916—1948 年的春、秋季均为偏暖期；1949—1987 年为偏冷期；1987 年以后为偏暖期。与此相对应，灾害变化分为 4 个阶段，1901—1948 年为第一阶段，1949—1964 年为第二阶段，1965—1974 年为第三阶段，1975—2000 年为第四阶段。第一、三阶段距平值主要为负值，灾害发生频次较低，以轻、中度灾害为主。第二、四阶段距平值主要为正值，灾害频次较高，以中、重度霜雪低温灾害为主。100 年中出现 4 次寒冷气候事件和 3 次异常寒冷灾害年，除 1929—

1930 年外，都发生在第二、四阶段。近百年在全球气候变暖的背景下，山西极端寒冷事件反而多次大规模的爆发，霜雪低温灾害呈现出与气候变暖相反的变化趋势，反映出 100 年来山西气候变化的异常性。

霜雪低温灾害不仅使农作物受灾，人的生命、财产和社会经济受到严重损失，而且对粮食、交通、水资源和能源安全等都造成了危机。由于人类目前尚无法控制霜雪低温灾害的发生，因此进一步深入研究，掌握霜雪低温灾害发生的规律，合理利用气候资源，调整山西的农业布局，避免和减轻灾害造成的损失，具有重要的实践意义。

3.5　山西霜雪灾害的成因与类型

3.5.1　灾害成因

霜雪灾害成灾的根本原因在于低温，或相对低温，或绝对低温，冷空气南下侵袭，导致降霜、雪或气温骤降至 0 ℃以下是造成山西霜雪低温灾害发生的主要原因。1953 年 4 月 10—12 日，南部冬麦区最低气温降至－3～－5 ℃，小麦受冻、死苗。1954 年 4 月 20 日，清徐气温降至－5 ℃，葡果、瓜菜受冻。由此可知，偏暖月份冬季风强烈活动造成的降雪或气温的骤降至 0 ℃以下是造成山西霜雪灾害发生的主要原因。

灾害发生的温度与其大陆性季风气候特点有直接的关联，冬季风引起的剧烈降温是首要的致灾因子。侵入山西并受直接影响的强大冷空气，主要有西、中、东三条路径。西路是从西北方向由北疆沿天山、祁连山北侧入侵。中路是从北方经内蒙古高原直接进入山西。西路和中路的强冷空气来势凶猛，易因强烈降温而出现平流霜灾，是山西霜雪灾害的主要类型。东路是从东北方向来的，山西受其影响不大，发生次数较少，常伴有雨雪天气，多发生于早春，文献中记载的春季大雨雪皆因此而发生。

灾害的形成，不仅与当时的天气条件有关，而且与其所处的地理位置和地形地势密切相关，纬度和海拔高度的影响大于经度的影响。山西地处中纬度，冷空气侵袭，必然会带来霜、雪、低温等天气现象，较高的海拔和"两山夹一盆"的地形地势加强了冷空气的强度和影响范围，在形成霜、雪、低温的同时产生了严重的"冻害"，形成霜雪低温灾害。

3.5.2　灾害类型

根据冬季风的影响和灾害的成因，可将山西霜雪灾害划分为以下 4 种类型。

（1）冬季异常变冷型

这类灾害主要发生在 11 月、12 月、1 月，因冬季风强度较大，导致气温过低而形成。如 1984 年 12 月，洪洞县连续阴雪 10 日，雪后降温剧烈，最低气温达－18.9 ℃（历史极值），积雪数日不化。

（2）强冬季风早来型

这类灾害主要发生在 8 月、9 月，由于强大的冬季风提前来临，导致山西出现大范围的霜雪低温灾害，对大秋作物产生严重的影响。如 1970 年 9 月底，山西大部分地区出现霜冻，最低气温神池－5.8 ℃，介休－4.3 ℃，襄垣－3 ℃，汾阳甚至降至－7.4 ℃，使全省未成熟的秋作物受损严重。

（3）冬季风回返变冷型

这类灾害主要发生在 3 月、4 月、5 月，春夏之交，随着气温的迅速回升，冬季风减弱北退，但有时冬季风回返加强，产生大范围霜雪低温灾害，对小麦返青、果木开花和春播作物的生长极为不利。如 1953 年 3 月下旬到 4 月下旬，山西遭受强冷空气侵袭，气温急剧下降，晋南地区最低气温降至－5 ℃，遭受 30 年来最严重的晚霜冻害。

（4）冬季风反常作用型

这类灾害主要发生在 5 月、6 月，是冬季风在夏季偶尔强烈活动与夏季风共同作用的结果。1901—2000 年共发生 13 次这样的大雪灾，如 1960 年 5 月 4—6 日，太行山、吕梁山降雪，雪深 6～60 cm，气温最低降至－5 ℃。冬、春小麦，棉花，玉米等受冻成灾，果花大部分冻干，左权、寿阳等高海拔地区甚至冻死牛羊等牲畜。

第 4 章　山东霜雪灾害与寒冷气候事件

古代的山东，主要指崤山、华山或太行山以东的黄河流域广大地区。金大定八年（公元 1168 年）置山东东路、山东西路，设山东东路统军司，"山东"始作为政区名称。明洪武元年（公元 1368 年），置山东行中书省。清初设置山东省，"山东"才成为本省的专名。明代的山东布政使司（不包括山东的辽东都司）和清代的山东省，与今天的山东省范围大致相同。山东位于 34°23′—38°17′N、114°48′—122°42′E，包括半岛和内陆两部分。山东半岛突出于渤海、黄海之中，同辽东半岛遥相对峙；内陆部分自北而南与河北、河南、安徽、江苏 4 省接壤。

4.1.1　地形地貌

境内中部山地突起，西南、西北低洼平坦，东部缓丘起伏，形成以山地丘陵为骨架、平原盆地交错环列其间的地形大势。地貌复杂，包括平原、台地、丘陵、山地等。平原占 65.56%，主要分布在鲁西北地区和鲁西南局部地区。台地占 4.46%，主要分布在东部地区。丘陵占 15.39%，主要分布在东部、鲁西南局部地区。山地占 14.59%，主要分布在鲁中地区和鲁西南局部地区。

4.1.2　气候特征

气候属暖温带季风气候类型。降水集中，雨热同季，春秋短暂，冬夏较长。年平均气温 11~14 ℃，气温地区差异东西大于南北。全年无霜期由东北沿海向西南递增，鲁北和胶东一般为 180 d，鲁西南地区可达 220 d。全省光照资源充足，光照时数年均 2290~2890 h，热量条件可满足农作物一年两作的需要。年平均降水量一般在 550~950 mm，由东南向西北递减。降水季节分布很不均衡，全年降水量有 60%~70% 集中于夏季，易形成涝灾，冬、春及晚秋易发生旱象，对农业生产影响最大。

4.2　明代霜雪灾害与寒冷气候事件

4.2.1　历史沿革

从《明史·地理志》《中国行政区划通史（明代卷）》中山东政区沿革和谭其骧主编的《中国历史地图集》第 7 册明时期图组中万历十年（1582 年）山东一图中可知，明洪武元年（1368 年）置山东行中书省，洪武九年（1376 年）改为山东承宣布政使司，驻济南府历城县，共辖 6 府 15 州 89 县。设济南、东兖、海右 3 道，其中济南道辖济南府，东兖道辖东昌府、兖州府，海右道辖青州、登州、莱州 3 府。

4.2.2　时间变化特征

4.2.2.1　等级变化特征

明代的 277 年（1368—1644 年）中有明确记载的灾害年份有 62 个，占整个时期的 22.4%。共发生了 119 次霜雪低温灾害，参考前文灾害等级的划分标准，轻度灾害 57 次，占灾害发生总次数的 47.9%；中度灾害 46 次，占灾害发生总数的 38.7%；重度灾害 16 次，占灾害发生总数的 13.4%。其中 1586—1595 年连续 10 年发生霜雪低温灾害，其中轻度灾害发生了 9 次，中度灾害发生了 8 次，重度灾害 1 次；1575—1595 年的霜雪低温灾害多集中在中度和重度，是灾害等级较高的多发期。按以上的等级划分，绘制霜雪低温灾害发生等级的时间分布序列图（图 4-1）。

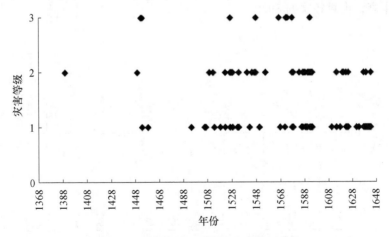

图 4-1　明代山东霜雪低温灾害等级变化

4.2.2.2　年际变化特征

根据资料，以 20 年为单位统计出了山东地区明代 277 年发生的霜雪低温灾害频次（图 4-2）。从整体上看，明代山东地区霜雪低温灾害的发生整体呈现上升趋势，其中 1568—1587 年、1588—1607 年、1608—1627 年、1628—1644 年霜雪低温灾害最为频繁。

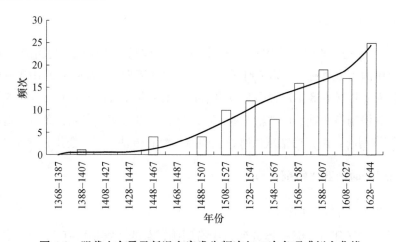

图 4-2　明代山东霜雪低温灾害发生频次与 6 次多项式拟合曲线

每 20 年霜雪低温灾害发生的平均频次为 8.5 次，将平均频次与每 20 年实际发生的频次作差值，可以得出每 20 年灾害频次的距平值（图 4-3）。1368—1507 年距平值均为负值，1508—1644 年主要为正距平。因此，可以将明代霜雪低温灾害的频次划分为 2 个阶段，1368—1507 年为第一阶段，该阶段历时 140 年，霜雪低温灾害频次仅占灾害总频次的 10.1%；1508—1644 年为第二阶段，灾害频次发生高，占总频次的 89.9%。

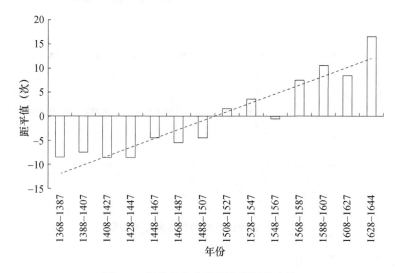

图 4-3　明代山东灾害频次距平值变化

4.2.2.3　季节变化特征

明代山东霜雪低温灾害具有明显的季节性变化特征（图 4-4），霜冻灾害主要发生在春季和秋季，雪灾和低温集中发生在冬季和春季。

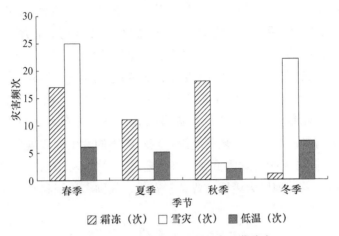

图 4-4　明代山东霜雪低温灾害季节分布

山东地区冬小麦分布较广，受寒潮等低温天气影响，常有冻伤麦苗的状况发生，春季"陨霜杀桑，麦苗损"的记载很多。春季发生霜雪低温灾害的次数最多，共 48 次，占灾害总数的 40.3%，其中雪灾和霜冻出现的次数最多，原因是山东地区降水量较大，春冬季节时有雨雪发生，而突发的降雪或者长时间的降雪会给当地农作物带来不利影响，雪层的长时间维持也会给畜牧业、交通运输和人民生活带来灾害。

冬季霜雪低温灾害共发生了 30 次，占灾害总数的 25.2%，其中大雪对农作物以及畜牧、人们日常生活影响很大。例如，1541 年，秋七月庆云县"陨霜伤禾"；1548 年，十一月烟台县"大雪深三尺余"；1578 年，冬枣庄县"大雪弥月，平地深丈许，压没庐舍，人多僵死道间，果树、花竹冻死者十之七，鸟雀鹿兔鱼虾死几尽"，安丘县"大雨雪，平地深三尺，牲畜、树木冻死几半"。

秋季霜雪低温灾害共发生 23 次，占灾害总数的 19.3%，以霜冻为主。秋季正值农作物丰收的季节，入秋后，农作物受冷空气的影响较大且敏感，在农作物成熟的季节一旦遇上霜冻或者微雪，错过收割的最佳季节，就会使农作物大面积、大量受害减产，秋季农作物对霜雪低温灾害的反应较敏感，常有霜冻灾害发生，例如，1587 年，八月诸城县"陨霜杀秋禾及蔬"；1640 年，八月朔鱼台县"严霜杀草木，大饥，人相食，盗贼蜂起，遍地烽烟"。

夏季霜雪低温灾害的发生次数较少，且一般出现在初夏，以霜冻为主，霜雪低温灾害发生 18 次，占灾害总数的 15.1%。

4.2.3 空间分布特征

4.2.3.1 灾害频次

以 70 年为单位，将明代分为 4 个阶段，分别为：洪武元年—宣德十年（1368—1435 年），包括洪武、建文、永乐、宣德 4 个年号；正统元年—弘治十八年（1436—1505 年），包括正统、景泰、天顺、成化、弘治 5 个年号；正德元年—隆庆六年（1506—1572 年），包括正德、嘉靖、隆庆 3 个年号；万历元年—崇祯十六年（1573—1643 年），包括万历、泰昌、天启、崇祯 4 个年号。按上述的 4 个阶段，绘制每个阶段霜雪低温灾害的频次空间分布图（图 4-5），其中颜色深浅代表灾害频次的多少，颜色越深，表示灾害的发生次数越多。104 个州县中，共有 42 个州县发生过霜雪低温灾害，超过三分之一的地区受到寒冷灾害的影响。其中最严重的地区为诸城、曹县、安丘、临朐、历城和文登等县。

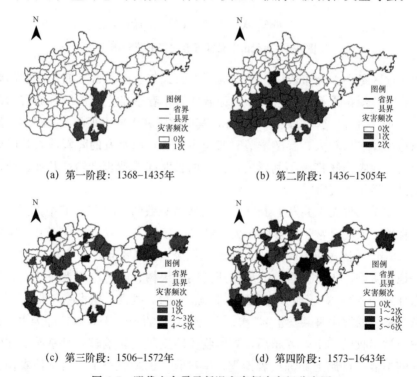

(a) 第一阶段：1368–1435年

(b) 第二阶段：1436–1505年

(c) 第三阶段：1506–1572年

(d) 第四阶段：1573–1643年

图 4-5　明代山东霜雪低温灾害频次空间分布图

第一阶段霜雪低温灾害分布县数最少，分布范围也最小。这个阶段，仅有鲁南的郯城、沂水、峄县等县发生过霜雪低温灾害，根据资料的记录这 3 个县各自仅发生过一次霜雪低温灾害（这可能与明前期资料的记录有关，学界对明代灾害的研究也多以 1470 年以后为研究时段）。

第二阶段霜雪低温灾害主要分布在鲁西南、鲁中南一带，与第一阶段相比，第二阶段霜雪低温灾害的波及范围明显提升，且灾害的空间分布集中，灾害的发生频次也较为均匀，集中于济南府、青州府和兖州府。

第三阶段霜雪低温灾害的分布与第二阶段相比明显分散，鲁东、鲁中以及鲁西南地区均有零星分布，且这一时期山东半岛的霜雪灾害分布最广，其中文登、栖霞、蓬莱、福山等县发生了 2～3 次霜雪低温灾害，莱阳县发生了 5 次霜雪低温灾害，为本时段内受灾情况最多的区域。

第四阶段霜雪低温灾害的波及县数最多，是霜雪低温灾害影响最广的阶段。灾害主要分布在鲁西南、鲁中和鲁北地区，其中发生频次最高的县域主要集中在鲁中地区。青州府的临朐、沂水、安丘、昌乐、寿光等县，济南府的历城、长清、齐河、章丘、济阳、临邑、禹城等县都遭受了 3 次以上霜雪低温灾害。

4.2.3.2　灾害等级

根据前文对霜雪低温灾害的等级划分标准，将霜雪低温灾害的等级分布以县一级单位呈现，绘制每个阶段霜雪低温灾害等级空间分布图（图 4-6）。

第一阶段霜雪低温灾害等级强度为 2 级，该阶段的频次分布范围最小，仅有郯城、沂水、峄县 3 个县发生霜雪低温灾害。

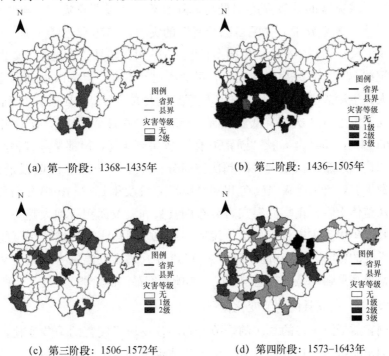

(a) 第一阶段：1368—1435年　　(b) 第二阶段：1436—1505年

(c) 第三阶段：1506—1572年　　(d) 第四阶段：1573—1643年

图 4-6　明代山东霜雪低温灾害等级空间分布图

第二阶段霜雪低温灾害的等级强度整体较高，且主要集中在鲁西南、鲁中南一带，空间分布也最集中，主要集中于济南府、青州府和兖州府。

第三阶段霜雪低温灾害的等级主要以1级轻度和2级中度为主，山东半岛的文登、栖霞、蓬莱、福山、莱阳等县发生了2级中度霜雪低温灾害，是本时段内受灾情况最重的区域。1级灾害主要分布在青州府北部的寿光、淄博、乐安等县，济南府西部和东昌府东部，包括历城、长清、肥城、平阴和茌平等县。

第四阶段1、2、3级灾害均有发生，其中寿光、昌邑等县的灾害最为严重，多为3级重度霜雪低温灾害。2级中度灾害主要分布在青州府的诸城、安丘和昌乐等县，济南府的历城、长清和肥城等县。此外，鲁西南地区的寿张、郓城和定陶等县也是2级灾害集中的地区。1级灾害遍布于全省的各个区域，整体上呈环状分布，鲁南地区分布特征最为明显。

从总体上看，霜雪低温灾害的等级空间分布与频次空间分布并不存在一致性。霜雪低温灾害等级高的县域并不一定是频次发生最多的县域，这说明某些县域可能连年发生霜雪低温灾害，但受灾程度却不高，而有些县域虽然仅发生过较少次数的灾害，但都以重大灾害为主。以第二阶段为例，霜雪低温灾害集中发生在济南府、青州府和兖州府，发生频次均较少，基本均为1次，但在该时段这些区域灾害的等级强度却最高，基本都为3级严重灾害。再如诸城县，1527年，冬"酷寒异常，贫民多冻死者"的灾害，1578年，十一月"大雨雪，平地深及三尺，人畜多冻死，竹树多枯"，1579年，四月"大霜，二麦俱坏，气臭"的记载。70年仅发生3次灾害，虽然频次并不高，但都以重大霜雪灾害为主，对人民生活造成的影响以及破坏程度是极大的，而宁津县从1529到1541年十余年间就发生过3次霜雪低温灾害，1529年，八月"陨霜"，1531年，清明"雨雪伤花果"，1541年，秋"陨霜杀禾"，灾害频次高，但都是危害程度较小的灾害。明代山东霜雪低温灾害的频次空间分布在1573—1643年阶段最为明显，分布县数最多，灾害等级强度在1436—1505年阶段和1573—1643年阶段分布最明显。从整体上看，霜雪低温灾害分布的县数和波及面积有增大趋势。第二阶段受灾县次集中且灾害强度较大，说明在第二阶段内，该区域极有可能受到强烈寒冷天气的影响。第四阶段（1573—1643年）霜雪低温灾害无论是从频次还是等级都最高最强，是灾害范围最广、影响程度最深的阶段。

4.2.3.3 受灾县的季节变化特征

受到霜雪低温灾害的县次的季节分布不仅反应了灾害的季节变化，也反应了灾害的影响范围、程度和广度。每个季节灾害的发生地不尽相同，一般霜雪低温灾害是冬春季居多，夏季最少，春秋季是霜灾的高发期（图4-7）。

春季是霜雪低温灾害波及县数最多的季节，发生灾害的县数占发生总数的40.1%；其次是秋季和冬季，比例分别为22.8%和27.2%；夏季灾害占比最少，仅为9.9%。春季灾害波及面最广，其中发生雪灾的县数最多，春季（农历正月、二月、三月）冬小麦极易受到雨雪、寒潮降温的影响。雪灾是波及面最广的灾害，波及了78个县，其次是霜冻，波及63个县，低温最少，仅波及21个县。

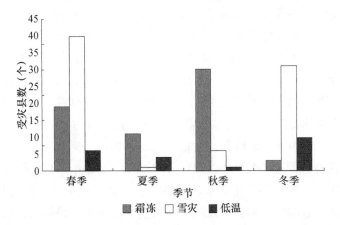

图 4-7 明代山东霜雪低温灾害受灾县数季节分布图

4.2.4 周期规律

利用 Morlet 小波分析法对灾害的周期进行分析（图 4-8）。根据小波系数实部等值图（a），当小波系数实部值为正数时（实线表示），灾害发生频次较多，信号较强；实部值为负数时（虚线表示），灾害发生次数较少，信号较弱，由此可以更加清楚地看出灾害发生的总体情况；再根据小波方差图（b），得出霜雪低温灾害的发生周期存在着多尺度的特征，明代山东霜雪低温灾害存在着 10~24 年、38 年左右、89 年左右的 3 个主要震荡周期，其中在 89 年左右的震荡周期最为强烈。

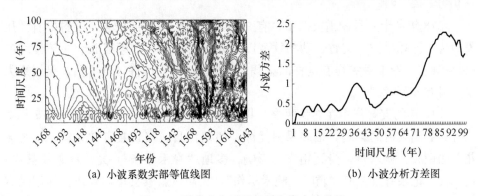

（a）小波系数实部等值线图 （b）小波分析方差图

图 4-8 明代山东霜雪低温灾害小波分析

4.2.5　寒冷气候事件

明代山东共发生 3 次寒冷气候事件，出现 5 个异常寒冷灾害年。

第一次寒冷气候事件发生在 1567—1579 年，共发生了 8 次重度、2 次中度、7 次轻度灾害。淄博县、泗水县、德州县、桓台县、博兴县、诸城县、枣庄县、昌乐县、安丘县、临沂县、新泰县、曲阜县、滕县、金乡县、郯城县、青州府驻地益都县等 16 个县受到霜雪低温寒冷灾害的影响。其中影响较大的灾害有 1578 年冬十一月，据史料记载，枣庄县"大雪弥月，平地深丈许，压没庐舍，人多僵死道间，果树、花竹冻死者十之七，鸟雀鹿兔鱼虾死几尽"。安丘县"大雨雪，平地深三尺，牲畜、树木冻死几半"。诸城县"大雨雪，平地深及三尺，人畜多冻死，竹树多枯"。金乡县"大雪，深三尺许，竹尽枯，果树死大半，民有冻死者"。1579 年四月，诸城县"大霜，二麦俱坏，气臭"。

第二次寒冷气候事件发生在 1584—1595 年，共发生了 4 次重度、16 次中度和 9 次轻度灾害。邹平县、寿光县、诸城县、莘县、长清县、临邑县、金乡县、菏泽县、曹县、定陶县、掖县、章丘县、冠县、昌乐县、昌邑县、泗水县、沂水县、鱼台县等 18 个县受到霜雪低温寒冷灾害的影响。其中尤以 1593 年到 1595 年的寒冷灾害最为严重。1593 年四月突然降温的大寒天气给人们造成了重大影响，寿光县、昌乐县、昌邑县、泗水县都有"大寒，民有冻死者"的记载。

第三次寒冷气候事件发生在 1632—1643 年，共发生 6 次中度灾害和 24 次轻度灾害。共波及龙口县、曹县、历城县、邹平县、昌乐县、临朐县、安丘县、潍坊县、临沂县、莒县、临邑县、济阳县、乐陵县、惠民县、阳信县、沾化县、费县、鱼台县、菏泽县、定陶县、章丘县等 21 个县。史料记载 1634 年春正月历城县、邹平县、昌乐县、临朐县、安丘县、潍坊县均受到大雪灾害的影响。

明代 5 个异常寒冷灾害年，分别为 1578 年、1615 年、1620 年、1634 年、1640 年。

1578 年冬十一月的雪灾严重，有 9 个县遭受了雪灾的侵袭，资料中有"压没庐舍，冻死果树、花竹、动物牲畜以及人"的记载，如康熙五十一年修编的《金乡县志》卷十六灾祥有这样的记载："大雪，深三尺许，竹尽枯，果树死大半，民有冻死者。"

1615 年的灾害集中在春秋两季，共有 8 个县遭受霜雪低温灾害。1615 年春三月，受到大雪的影响，很多果树受冻，如桓台县、安丘县有"大雪，桃杏无花"的记载，秋八月，受到霜灾的影响，多地"晚禾尽伤"，光绪《莱芜县志》卷二灾祥记录有莱芜府"霜降，晚禾尽伤"，天启《新泰县志》卷八祥异记录有新泰县八月"陨霜杀菽"。

1620 年冬又是一个寒冬，多地有"雨冰，地上凝数寸厚，填塞道路"的记载，地上结数寸之冰，给交通造成了重大影响，此外，由于严寒，鸟兽也有多冻死的记载。

1634 年春正月，历城、邹平、昌乐、临朐、安丘、潍坊 6 县同时遭受大雪影响。

1640 年正月也是雪灾多发的时段，共有 7 个县受到雪灾影响；1640 年秋是受霜灾严重的年份，乾隆《鱼台县志》卷三灾祥有这样的记载："严霜杀草木，大饥，人相食，盗贼蜂起，遍地烽烟。"光绪《菏泽县志》卷十九灾祥也有"八月阴霜杀荞"的记载，可见，1640 年秋八月的这次霜灾对农作物的影响很大。

4.3　清代霜雪灾害与寒冷气候事件

4.3.1　历史沿革

清承明制，设山东省，省治济南府。以《中国历史地图集》第 8 册清时期图组的嘉庆二十五年（1820 年）山东行政区划图中的府州县名为准，共辖 10 府 3 直隶州 104 县。设济东泰武临、登莱青、兖沂曹济等 3 道，其中济东泰武临道驻济南府，辖济南、东昌、泰安、武定等 4 府和临清州 1 直隶州；登莱青道驻登州府，辖登州、莱州、青州 3 府和胶州 1 直隶州；兖沂曹济道驻兖州府，辖兖州、沂州、曹州 3 府和济宁州 1 直隶州。

4.3.2　时间变化特征

4.3.2.1　等级变化特征

按照上文霜雪低温灾害的等级划分标准，将清代 339 次霜雪低温灾害的等级进行分类，并作出不同等级的时间分布序列。清代 1 级轻度霜雪低温灾害发生次数为 188 次，占灾害总数的 55.5%；2 级中度灾害发生 120 次，占灾害总数的 35.4%；3 级重度灾害发生 31 次，占灾害总数的 9.1%。1 级灾害发生次数最多，2 级次之，3 级灾害最少（图 4-9）。

按照不同等级霜雪低温灾害的发生频次，将霜雪低温灾害的等级进行阶段划分：3 级重度霜雪低温灾害主要集中在 1654—1664 年。2 级中度灾害分布较广，268 年期间分布在 2 个阶段，第一阶段为 1644—1674 年，历时 30 年，2 级灾害发生 16 次，平均每隔两年就有一次霜雪低温灾害发生，其频度为 0.53，大于 2 级灾害的年均频度 0.45（用 2 级灾害的总次数除以总年份）；第二阶段是 1874—1911 年，该阶段历时 37 年，2 级灾害发生 48 次，灾害频度为 1.30，在这个阶段，平均每年都有 1 次以上的灾害发生，该阶段不仅是霜雪低温灾害的高发期，还是灾害等级的强烈期。1级轻度霜雪低温灾害占灾害总数的 55.5%，发生频次超过灾害总数的一半，年均频度为 0.7；从整体上看，除 1684—1714 年属于 1 级灾害发生频次较低的阶段，其余年份 1 级霜雪低温灾害发生都很密集，并且呈连续性、不间断性的频发态势。山东地区在 1654—1684 年和 1874—1911 年属于灾害的高发期且等级高。综合来看，清代霜雪低温灾害在 1644—1683 年、1784—1911 年灾害频次高，在 1644—1674 年、1874—1911 年灾害等级高。

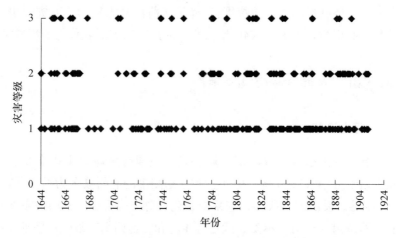

图 4-9　清代山东霜雪低温灾害等级变化

4.3.2.2　年际变化特征

统计数据显示，清代 268 年中共发生霜雪低温灾害 339 次，年平均发生次数为 1.3 次。以 20 年为单位统计出霜雪低温灾害频次，根据灾害发生次数统计与最小二乘法意义下的 6 次多项式绘制拟合曲线图（图 4-10）。

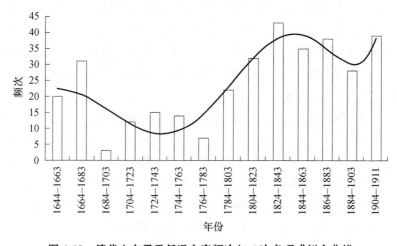

图 4-10　清代山东霜雪低温灾害频次与 6 次多项式拟合曲线

可以看出，清代山东地区的霜雪低温灾害具有明显的阶段性特征，可将霜雪低温灾害变化分为 3 个阶段。第一阶段为 1644—1683 年，该阶段属于霜雪低温灾害的频发期，40 年间共发生了 51 次霜雪低温灾害，接近整个时期的平均值（1.3 次）。第二阶段为 1684—1783 年，历时 100 年，发生灾害 51 次，平均每年发生 0.5 次，低于平均值，灾害发生频次低。第三阶段为 1784—1911 年，灾害的年均发生次数为 1.9 次，超过了平均值，属于灾害高发期，且持续时间长。1644—1663 年、1664—1683 年、1784—1803 年、1804—1823 年、1824—1843 年、1844—1863 年、1864—1883 年、1884—1903 年、1904—1911 年霜雪低温灾害发生频繁，特别是 1824—1843 年、1864—1883 年和 1904—1911 年灾害发生最为频繁，频次均接近 40 次，1684—1703 年、1764—1783 年霜雪低温灾害发生频次最低，仅为 3 次和 7 次。

为进一步说明灾害的变化情况，以 20 年为单位，绘制了霜雪低温灾害的距平值与年份变化的关系图（图 4-11）。

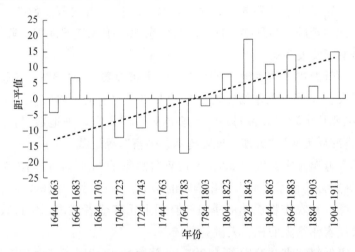

图 4-11　清代山东霜雪低温灾害频次每 20 年距平值变化

清代山东每 20 年霜雪低温灾害的发生频次为 24.2 次，图中距平值为正值表示霜雪低温灾害高于 20 年平均值，距平值为负值表示霜雪低温灾害的发生次数低于 20 年平均值。霜雪低温灾害的发生具有明显的阶段性，其中第二阶段（1684—1783 年）距平值主要为负值，该阶段灾害次数低于平均数，是霜雪低温灾害频次较低的阶段；第三阶段（1784—1911 年）距平值主要为正值，灾害次数高于平均值，是霜雪低温灾害的高发阶段。

4.3.2.3　季节变化特征

清代山东地区霜雪低温灾害的季节分布显示，霜冻灾害主要发生在春季、秋季和初夏，雪灾和低温集中在冬季和春季（图 4-12）。

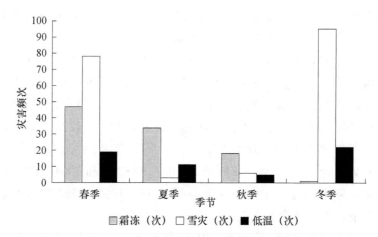

图 4-12　清代山东霜雪低温灾害季节分布

春季发生霜雪低温灾害的次数最多，共 144 次，占灾害总数的 42.5％，其中雪灾和霜冻出现的次数最多，这是因为山东地区季风气候明显，降水量较大，春冬季节常有雨雪发生。

冬季霜雪低温灾害共发生了 118 次，占灾害总数的 34.8％，冬季发生最多的灾害是雪灾。大雪对农作物以及畜牧、人们日常生活影响很大，资料中常有"牛羊树木冻死几半""大雪封户，人多冻死""大雪，平地数尺，人多冻死""大雪，人畜冻死无数""大寒，冻死树木、牛畜"等记载。

秋季霜雪低温灾害共发生 29 次，占灾害总数的 8.6％，以霜冻为主，共发生 18 次霜冻灾害。秋季正值农作物丰收的季节，入秋后，农作物受冷空气的影响较大且敏感，在农作物成熟的季节一旦遇上霜冻或者微雪，错过收割的最佳季节，就会使农作物大面积、大量受害减产。

夏季霜雪低温灾害共发生了 48 次，占总数的 14.2％，其中雪灾出现最少，仅为 3 次。山东属于温带季风气候，夏季炎热，所以，除非有极端寒冷天气时出现降雪，一般不会出现。夏季低温寒冷灾害出现为 11 次，基本出现在温度开始回暖和升温的初夏时节。夏季的霜冻灾害较多，共出现 34 次，占总霜冻灾害的 34％，在冬小麦生长期的春夏之交，突发的寒潮等降温天气会对小麦造成严重的霜冻灾害。

4.3.3　空间分布特征

4.3.3.1　灾害频次

将清代按 1644—1722 年、1723—1795 年、1796—1850 年、1851—1911 年

分为 4 个阶段，绘制每个阶段霜雪低温灾害的频次空间分布图（图 4-13），其中颜色深浅代表灾害频次的多少，颜色越深，表示灾害的发生次数越多。清代山东 107 个州县中，共有 60 个州县发生过霜雪低温灾害，超过二分之一的地区受到寒冷灾害的影响。与明代相比，清代受灾范围更大。其中受灾最严重的为诸城县、安丘县、临朐县、寿光县、掖县。

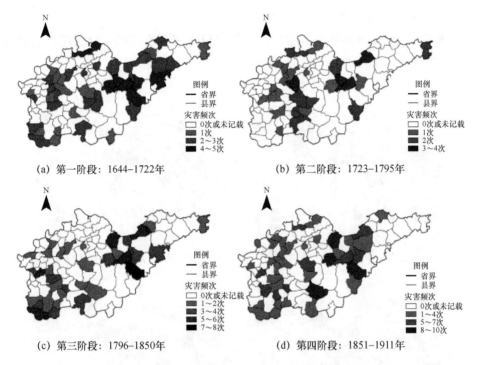

图 4-13 清代山东霜雪低温灾害频次空间分布图

第一阶段山东霜雪低温灾害的分布县数有 46 个，属于霜雪低温灾害波及范围广的阶段。在此阶段，青州府和莱州府发生霜雪低温灾害的频次最高。青州府的诸城县、安丘县、临朐县、昌乐县以及莱州府的高密县、即墨县均发生 4~5 次霜雪低温灾害。灾害主要分布在山东半岛以及中部丘陵区。

第二阶段共有 29 个县次受到霜雪低温灾害的影响，青州府同样是受灾影响重大的地区，其中昌乐县和临朐县受灾超过 3 次。此外，在鲁西地区霜雪低温灾害的分布较为集中，基本呈现出沿中部丘陵区西侧纵向排列的分布情况。

第三阶段共有 35 个县次发生霜雪低温灾害，主要集中分布在鲁西南及山东半岛西侧。诸城县的灾害发生频次最高，与之相邻的青州府地区的安丘县、临朐县、昌乐县以及莱州府的高密县、即墨县也是霜雪低温灾害的高发区。鲁西南地区的定陶县、曹县、成武县、单县、鱼台县、巨野县灾害发生频次也相对较高。

第四阶段霜雪低温灾害的波及县数为41个，与第三阶段灾害的波及范围相似，灾害主要分布在鲁西南及山东半岛西部地区，所不同的是该时期鲁北地区有霜雪低温灾害波及，其中发生频次最高的县域主要集中在山东半岛的青州府和莱州府地区。青州府的诸城县、临朐县、安丘县、昌乐县、寿光县，莱州府的掖县、平度州、昌邑县、潍县均受到5次以上的霜雪低温灾害。

4.3.3.2　灾害等级

将霜雪低温灾害的等级分布以县一级单位呈现，绘制每个阶段霜雪低温灾害等级空间分布图（图4-14）。

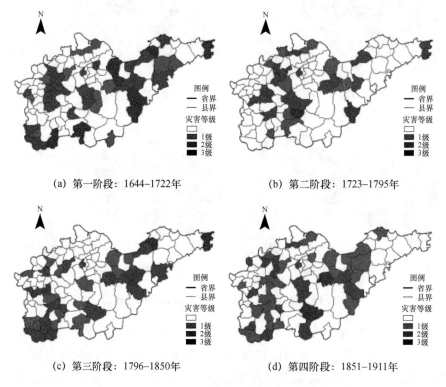

(a) 第一阶段：1644–1722年　　　(b) 第二阶段：1723–1795年

(c) 第三阶段：1796–1850年　　　(d) 第四阶段：1851–1911年

图4-14　清代山东霜雪低温灾害等级空间分布图

第一阶段霜雪低温灾害等级强度整体较高，有9个县次的灾害等级达到3级，诸城县、日照县、乐安县、临朐县、滕县、鱼台县、单县、蓬莱县在此阶段都达3级。

第二阶段霜雪低温灾害的等级强度较第一阶段有所减轻，山东半岛地区霜雪低温灾害等级也明显降低，3级重度灾害的县数也有所减少，发生3级灾害的地区为文登县和日照县。2级灾害主要集中在鲁西以及邻近山东丘陵西侧一带的地区，鲁北地区的阳信县、德平县和海丰县灾害等级为1级和2级。

第三阶段发生 3 级重度霜雪低温灾害的县为文登县、即墨县、昌邑县、掖县、诸城县、高密县、安丘县、临朐县，主要分布在山东半岛西侧地区。鲁西南地区也是灾害发生较为集中和严重的区域，主要以 2 级灾害为主。

第四阶段主要以 1、2 级灾害为主。在受灾的 39 个县中，1 级灾害的县数为 27 个，2 级灾害的县数为 10 个，3 级灾害的县数仅为 2 个。在该时段，霜雪低温灾害的强度明显降低，1 级灾害遍布于全省的各个区域，整体上呈环状分布，鲁南地区、鲁西地区分布特征最为明显，2 级灾害主要分布在山东半岛西侧的区域和西北部区域。

清代山东地区霜雪低温灾害的频次空间分布与等级空间分布并不完全存在一致性。鲁西南和鲁西北地区霜雪低温灾害的频次相对较少，但灾害的等级却较高，如鲁西南地区的曹县、单县、城武县灾害的频次相对较低，但灾害等级高。而山东半岛地区灾害的频次和等级分布基本呈现一致性特征，霜雪低温灾害发生的次数高，灾害的强度也较高，说明该地区霜雪低温灾害不仅易发，而且均较为严重。

从整体上看，清代山东霜雪低温灾害的等级空间分布在 4 个阶段内较均匀。第一阶段相对较高；第二阶段灾害等级相对较弱，灾害分布范围有所减少；第三阶段和第四阶段灾害的等级增强，灾害分布范围扩大。

4.3.3.3　受灾县的季节变化特征

清代霜雪低温灾害波及县数要明显比明代多，每个季节灾害的发生县数、波及面积也不尽相同，霜雪低温灾害波及面最广的是冬季和春季（图 4-15）。雪灾和低温在春季和冬季波及的县数最多，春季、秋季和初夏（农历四月）霜灾波及范围广。初夏时节，山东地区常受到受冬夏季风的联合作用，冬小麦等农作物极易受寒、产生霜冻灾害。

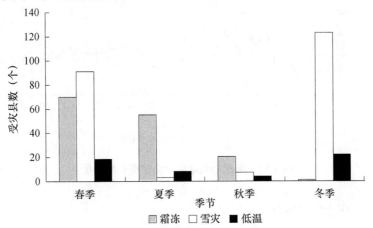

图 4-15　清代山东霜雪低温灾害受灾县数季节分布图

4.3.4 周期规律

利用 matlab 小波分析法对灾害的周期进行分析（图 4-16）。根据小波系数实部等值线图（a），当小波系数实部值为正数时（实线表示），灾害发生频次较多，信号较强；实部值为负数时（虚线表示），灾害发生次数较少，信号较弱，由此可以更加清楚地看出灾害发生的总体情况。再根据小波方差图（b）得出霜雪低温灾害的发生周期存在着多尺度的特征，清代山东霜雪低温灾害存在着 9～17 年、24 年左右、38 年左右、63 年左右的 4 个震荡周期，其中在 38 年左右的震荡周期最为强烈。

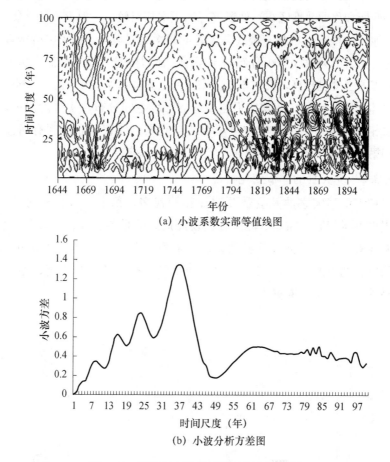

(a) 小波系数实部等值线图

(b) 小波分析方差图

图 4-16　清代山东霜雪低温灾害小波分析

4.3.5 寒冷气候事件

清代山东共发生 4 次寒冷气候事件，出现 9 个异常寒冷灾害年。

第一次寒冷气候事件发生在 1652—1660 年，山东连续 9 年发生霜雪低温灾害，共发生 10 次重度、3 次中度和 9 次轻度灾害，共波及 41 个县。此次灾害造成的影响十分严重，不仅危害到农作物和人们的生活，还有冻死动物和人的现象发生。1652 年春，临邑县"陨霜杀麦"。1653 年冬，昌乐县"大雨雪，平地三尺，牛羊树木冻死几半"；安丘县冬十二月"大雨雪，牛羊树木冻死几半"。1654 年冬，宁津县"大雪封户，人多冻死"；诸城县"大雪，平地数尺，人多冻死。至次年春，雪融水涨，坏南关大石桥"；蓬莱县"大雪，房倾，人皆穿洞而出"；招远县"大雪，平地深数尺，人有未伙食者"。1655 年，惠民县八月"陨霜杀稼"。1656 年冬，胶县"大雪，人畜多冻死"；高密县"大雪，人畜冻死无数"。1657 年三月高唐县"陨霜"。1658 年六月高唐县"有雪"。1659 年春三月桓台县"大雪三日"。1660 年冬记载有兖州府"大寒，冻死树木、牛畜"。

第二次寒冷气候事件发生在 1667—1676 年，山东连续 10 年发生霜雪低温灾害，共发生 5 次重度、9 次中度和 7 次轻度灾害，波及 4 个府 51 个县。如 1668 年夏四月青州县"冷雨，（寒）人多冻死"。1674 年三月青州府"大雪，五日止"。其中 1675 年是重大灾害年，有 16 个县遭到了霜雪低温灾害，其中尤以四月灾害侵袭范围最广，涉及 14 个县。资料中记载有四月十二日淄博县"陨霜，杀麦及桑""十八日复陨霜，麦枯殆尽"。滨县"陨霜杀麦"，博兴县"陨霜，杀麦及桑"。此外，四月记载有"陨霜杀麦"的地方还有临朐县、安丘县、潍坊县、胶县、平度县、掖县、即墨县、高密县。其中高密县四月十七日"陨霜杀麦，冰厚半寸"，不仅受到"陨霜"还受到冰冻灾害。可见，1675 年四月的这场霜冻灾害的严重程度及影响甚大。此外，在夏五月新泰县、冠县甚至也发生了"陨霜杀麦"的灾害。

第三次寒冷气候事件发生在 1839—1848 年，山东连续 10 年发生霜雪低温灾害，共发生 5 次重度、4 次中度和 10 次轻度灾害。其中 1841 年正月的雪灾波及范围最大，寿光县、昌乐县、安丘县、诸城县、胶县、平度县、掖县、即墨县、蓬莱县、龙口县、烟台县、栖霞县、招远县、文登县、莱芜县、阳谷县等 16 个县都在正月发生霜雪低温灾害。资料中记载有，寿光县春正月"大风雪，平地深数尺，路有冻死者"。安丘县春正月"大风雪，平地深数尺，行路冻死者多"。诸城县春正月"大风雪，坏屋拔木人有冻死者"。正月二十六日，胶县"大风雪，飞雪飞沙成堆，屋瓦多飞，行人多冻死"。平度县"飓风，大雪丈余"。蓬莱县"大雪深数尺，人畜冻死者无算"。龙口县"大雪深数尺，人多冻死"。栖霞县"大风雪平地数尺，人畜冻死"。招远县"大雨雪以风，人多冻死"。文登县"大风雪，人畜冻死无算"。此外，春正月还发生了即墨县"大风雪，飞沙，人多冻死"。烟台县"大雪深数尺，人畜冻死无算"等灾害。低温冻害对农作物的伤害很大，如 1841 年夏四月初六日，阳谷县发生"朔风急，麦多冻死"的灾害。

第四次寒冷气候事件发生在 1850—1873 年，此间 24 年中有 19 年发生了霜雪低温灾害，共发生了 25 次轻度灾害和 8 次中度灾害。高密县等 37 个县受到霜雪低温灾害波及。此次连续灾年中，以雪灾事件为主，1851 年二月，1852 年二月、十二月，1853 年三月，1854 年二月，1855 年正月，1859 年正月、十二月，1860 年二月、十二月，1861 年十二月，1862 年正月，1863 年正月，1864 年正月、冬十一月，1865 年正月，1866 年正月，1868 年二月，1869 年三月，1872 年十二月，1873 年正月都受到等级不同的雪灾。其中，尤以 1864 年、1865 年连续两年灾害影响范围最广，1864 年十一月，巨野县、阳谷县、郓城县、平阴县都发生大雪灾害。1865 年正月，陵县等 12 个县同在正月发生雪灾。此次灾害来势猛、危害大，如资料中记载有"雨雪，雷甚厉，人畜有震死者""雨雪深四寸""连日风雪并降雹，积冰折木，鸟饿死""雷电交作，风雪缤纷，十五日，雪愈大，色微紫""下琉璃，果木多冻死"等内容。

清代共有 9 个重大霜雪低温灾害年，分别为 1664 年、1670 年、1675 年、1790 年、1805 年、1819 年、1820 年、1841 年和 1910 年。相比明代，清代受到重大寒冷灾害的年明显增多。

1664 年春，霜灾严重，共有 24 个县在四月受到霜灾的影响，均有"陨霜杀稼"的记录，可见四月霜灾影响规模和范围之大。

1670 年冬发生的大雪、奇寒影响强烈，影响范围空前之大，兖州府、登州府、青州府、莱州府均受到此次寒冷气候事件的侵袭，寿光县、昌乐县、安丘县、诸城县、昌邑县、潍坊县受到重度等级规模的灾害。"大雪，奇寒，树木多冻死""大寒，人多冻死""大寒，积雪层冰，果树半死，有冻毙者"的记录很多，如康熙《郯城县志》卷九灾祥对 1670 年十二月的这次灾害有这样的记载："大雪，平地皆深丈余，凡庄村林木之处，雪之所聚，高皆与之齐等，室庐尽为埋没，百姓多自雪底透窟而出，村疃不能往来数日，鸟雀、獐、兔、花果之类冻死绝种。人有不得已而出行者，冻死于途不可胜数，真异灾也"；康熙《日照县志》卷一纪异记有日照县"大雪三日，平地深二尺余，隆寒异常，民有冻死者"；康熙《滕县志》卷三灾异记有滕县"大雪，堕指，道有僵死者，果木多冻死"；光绪《曹县志》卷十八灾祥记有曹县"积雪，盛寒，井水皆冻，从所未闻"；康熙四十九年《茌平县志》卷一灾祥记有茌平县"大雪，间有僵死者，果木冻折"等，都表明 1670 年冬十二月的这次寒冷灾害影响程度之大。

1675 年夏四月是霜灾较重的时期，有近 16 个县受到霜灾的影响，主要是对农作物的损坏，史料中多为"陨霜杀麦"的记录。

1790 年春三月又是一个受霜灾影响强烈的时间，除济南府外还有另外 15 个县有霜冻灾害的记载。如三月中旬昌乐县"忽降严霜，麦苗枯槁"，诸城县"大霜伤麦禾"，三月十二日寿光县"繁霜忽降"。但也有受霜未影响农作物收成的情况，如资料记载三月十一日，昌乐县"霜杀麦苗，枯槁殆尽，莫不惊慌失措。越旬余，吐秀如故，而麦乃得熟，皆以为喜出望外"，掖县"陨霜杀麦，旬日后枯者复生"。1805 年三月也是霜灾影响严重的时段，共有 9 个县同时受到影响。

1819 年、1820 年是有连续两个寒冬，基本以雪灾为主，且受害程度都较大，如民国三年（1914 年）《庆云县志》卷三灾异记有 1819 年十二月十八日，庆云县"大雪，平地深数尺，晨起门不得出，人多冻死者"；光绪《栖霞县志》灾异拾遗记有 1820 年冬，栖霞县"大雪，至十一月二十五日起弥漫浃旬，飞洒不断，山谷皆满，行旅稀绝，甚有误坠致毙者"。

1841 年春正月二十六日有 12 个县同时受到大雪灾害的影响，诸如"大雪深数尺，人畜冻死者无算"的相关记载很多，此次灾害具有突发性、强度大的特点。

1910 年春三月共有 20 个县受到霜冻灾害的影响，影响范围广，农作物受害面积大。

4.4　明清山东霜雪灾害温度与成因

4.4.1　初、终霜冻日变化

根据文献中对明清时期霜冻日的记载，整理出初、终霜冻日发生的时间、地点、灾情统计表（表 4-1）。

表 4-1　山东 1368—1911 年初、终霜冻日发生情况对比表

类别	年份	发生时间	发生地点	灾　情
初霜日	1515	八月	乐陵县、惠民县	霜，晚禾尽伤
	1528	八月	冠县	陨霜杀稼
	1541	秋月终	庆云县	陨霜杀禾
	1548	秋七月	新泰县	陨霜杀稼
	1783	八月朔	广饶县	陨霜杀禾，岁饥
	1832	七月初一	宁津县、临邑县	陨霜伤禾

类别	年份	发生时间	发生地点	灾　情
终霜日	1545	春二月	临沂县	陨霜杀禾
	1579	四月	诸城县	大霜，二麦俱坏，气臭
	1591	三月	章丘县、长清、历城县、淄博县	陨霜伤稼；陨霜杀麦
	1664	四月二十四日	临邑县、博兴县、平原县	繁霜，杀麦殒桑
	1675	四月十七日	胶县、高密县、掖县	陨霜杀麦，冰厚半寸
	1707	四月十八日	昌乐县、潍坊县	陨霜杀麦
	1790	三月十一日	济南府、临邑县	陨霜杀麦；繁霜忽降
		三月十二日	寿光县、昌乐县	霜杀麦苗，枯槁殆尽
	1832	四月初一	胶县、掖县	大寒，麦苗冻伤；陨霜微冰殒麦
	1850	三月十二日	济阳县、阳信县、淄博县	陨霜麦禾尽枯；陨霜杀麦、桑
	1910	三月十九日	济阳县、临邑县、惠民县	气骤冷，严霜杀麦，叶尽萎

初霜日明代最早出现的时间一般为农历七月，最晚出现时间在农历八月；清代最早出现在农历七月，最晚出现在农历八月，与明代相一致。终霜日明代最早出现在农历二月，最晚出现在农历四月；而清代终霜日最早出现在农历三月，最晚出现在农历四月。清代的终霜日与明代的结束时间基本一致，都为农历四月，但出现时间却比明代晚。

从发生地点看，初霜日最早出现地点为北部纬度较高的庆云县、宁津县、临邑县以及中部海拔较高的新泰县；最晚出现在北部纬度较高的乐陵县、惠民县、广饶县，可见初霜日的纬向差异并不明显。终霜日最早出现在东南部纬度和海拔均较低的临沂县，最晚出现在纬度较低但地势高的胶县、高密县和北部纬度高但地势低平的临邑县、平原县等地区，由此可知，终霜日与纬度和海拔均密切相关。

4.4.2　灾害发生的温度

已有研究表明，小麦叶片的霜冻临界温度为−6.4 ℃，在8月或4月，温度低于−1 ℃甚至−0.5 ℃时，就会发生霜冻灾害。因此，在春秋季，以−1～−0.5 ℃的温度范围确定重度霜雪低温灾害的发生温度。现代资料有关于灾害发生时温度的明确记载：如1959年1月青岛地区最低气温−17 ℃，冻死4人，冻死猪多头，胶南县大村、薛家岛、灵山卫、隐珠、海青等车辆不通，普遍冻坏了地瓜种，干活时手冻裂，从而证明恢复的重度霜雪低温灾害温度范围（−19～−17 ℃）是科学合理的。1958年3月，诸城县出现了倒春寒，6天的平均气温为1.6 ℃，平均最低气温−4.6 ℃，诸城县发生了大面积的霜冻灾害。1964 年 4 月 2 日，全省受到寒潮来袭，温度降至−3.5 ℃以下，小麦 300 亩受到损害。1954 年 4 月 20 日，德州小麦拔节后期，气温突降至−1.9 ℃，对小麦危害严重。基于这些准确的温度记载和相关研究，确定以−19～−17 ℃为冬季重度霜雪低温灾害的发生温度，以小麦受冻的临界温度−6.4 ℃以及−4.6 ℃、−3.5 ℃为春季和秋季重度霜雪低温灾害的临界温度，以−1.9 ℃、−1 ℃和−0.5 ℃为春季和秋季霜雪低温灾害发生的临界温度。以此类比明清时期山东农历 1—12 月发生霜雪低温灾害时的最低气温，大致恢复出 1368—1911 年灾害发生时的温度（表 4-2）。由于明清时期距离新中国初期较近，加上小麦品种未发生较大的变化，因此恢复的温度具有一定的可靠性。

表 4-2 山东 1368—1911 年霜雪低温灾害发生时恢复的温度范围

农历	轻、中度灾害温度	重度灾害温度	灾情描述
1	−6.4～−1 ℃	−19～−17 ℃	1682 年春正月，潍坊县大风雪，平地深数尺，行路者多冻死
2	−6.4～−1 ℃	−19～−17 ℃	1720 年龙口县黑雪如炭，麦苗多死
3	−4.6～−1 ℃	−17～−6.4 ℃	1644 年掖县三月十九日，大雨雪，奇寒，花果多冻死
4	−1.9～−0.5 ℃	−6.4～−3.5 ℃	1664 年四月二十三日，惠民县阴霜杀麦，夏秋不雨
5	≤0 ℃	—	1644 年夏五月，东阿县霜，麦禾枯槁
6	≤0 ℃		1821 年六月泗水县，伏中雨雪
7	≤0 ℃		1832 年七月，临邑县陨霜杀稼
8	−1.9～−0.5 ℃	−4.6～−1 ℃	1589 年秋八月，定陶县阴霜，秋禾尽伤
9	−4.6～−1 ℃	−6.4～−3.5 ℃	1653 年九月，桓台县大雪严寒
10	−6.4～−1 ℃	−17～−6.4 ℃	1910 年，东明县雨木冰；1833 年诸城县大雨雪
11	−6.4～−3.5 ℃	−19～−17 ℃	1574 年，诸城县大雨雪，平地深三尺，人畜多冻死，竹树多枯
12	−6.4～−3.5 ℃	−19～−17 ℃	1670 年滕县大雪，奇寒，平地深三尺余，人畜果木多冻死

4.4.3 灾害成因

4.4.3.1 寒潮与冬季风

影响山东的寒潮主要有 3 种类型：一是冷高压从北部的西伯利亚平原进入内蒙古西部，然后经华北影响山东；二是冷高压移动到内蒙古西部，然后经蒙古东部到东北平原南下影响山东；三是冷高压从欧洲南部东移，经我国新疆北部或蒙古西部，沿河西走廊、河套地区东移影响山东，或从蒙古西部向东南移动，经河套北部影响山东。这3种类型的寒潮过境时，都会带来大幅的降温和霜雪低温灾害，特别是在冬季，往往表现为冷流暴雪的形式。由于寒潮类型的不同以及山东地形特征的差异，导致寒潮过程的降温幅度呈现"环中部丘陵区"的特征。胶东半岛以及山东半岛西侧是极端最低气温分布明显的区域，文登、即墨、招远、蓬莱等县是霜雪低温灾害的高发区，且灾害等级较为严重，与极端低温的分布特征趋于一致。

冬季风的活动范围和强弱特征成为导致霜雪低温灾害的最直接因素，强冬季风过境会带来明显降温，冬夏季风的交汇还会形成雨雪等降水天气。冬季风与寒潮对灾害的影响特征不尽相同，寒潮一般是通过剧烈降温而形成危害程度深的灾害，灾害范围相对集中，灾害的等级强度高，灾害的分布受寒潮特征与地形特征等因素的共同作用，而冬季风的行进路径整体上影响了灾害的空间分布，灾害规模和灾害范围大。冬季风与夏季风联合作用形成的灾害，一般发生在春夏之交冬、夏季风转换的季节，由于山东濒临海洋，气候受海洋影响较大，降水丰富，加上纬度位置相对较高，距冬季风源地较近，气温较低，冬夏季风转换的季节，"冷""雨"的现象时常出现，导致霜雪灾害的发生。

4.4.3.2 海陆位置与地形特征

山东的海陆位置也增强了降水的频率和霜雪灾害的可能性。胶东半岛三面环海，受季风气候的影响，空气湿润，降水丰富，频繁的降水、冷湿气流和低温天气往往会导致雪灾的发生，东部北岸沿海的文登、蓬莱等地是灾害等级高的地区。此外，胶东半岛渤海海域的莱州湾是山东最大的海湾，且是一个极大的漏斗状海湾，而山东东北部是沿海平原区，海湾深入内地，海水对沿海地区的影响变大，风暴潮灾害在此处频发，海水对内陆的影响还体现在带来大量的冷湿空气和海洋灾害。由于海水和冷湿空气的影响，在温度低的冬季和气温回暖较慢的春季，极易引发霜雪低温灾害。

将地形高程与霜雪低温灾害相叠加可知，中部的山东丘陵区和山东半岛丘陵区，是地势较高的地区，相应的灾害发生等级也较高。灾害发生频次高的地区集中于山东半岛西侧地区，地势高是诱发重度霜雪低温灾害的因素之一。海拔升高，温度降低，容易诱发霜雪低温灾害。山东半岛的地形对这种冷流降水天气形成了促进作用，丘陵山区对气流的抬升作用，是形成低云区的触发条件，特别是位于丘陵山区北侧迎风坡的地区。当西北风、北风穿过近海区，并且沿丘陵不断爬升，就会形成地形雨，增强北部沿岸降水的发生概率和频率，如果遇上持续时间长的冷空气，降水持续时间也会变长，加上冬春季节较低的气温，会形成持续的寒冷天气，造成严重的霜雪低温灾害。

综合来看，低温是形成灾害最本质的因素，气候冷暖的变化大背景与霜雪低温灾害发生的阶段基本一致；冬季风的活动是导致霜雪低温灾害发生的直接原因，冬季风的行进路径与灾害的空间分布趋于一致，寒潮天气过程加重了灾害的严重程度；山东的海陆位置、地势地貌特征诱发了霜雪低温灾害，并且是霜雪低温灾害空间分异的重要因素。

第 5 章　内蒙古霜冻灾害与雪灾

5.1　研究区概况

内蒙古位于 $97°12'—126°04'E$、$37°24'—53°23'N$，东西横跨经度 $28°52'$，南北纵跨纬度 $15°59'$。东、南、西依次与黑龙江、吉林、辽宁、河北、山西、陕西、宁夏和甘肃 8 省区毗邻，跨越三北（东北、华北、西北），靠近京津；北部同蒙古国、俄罗斯接壤，国境线长 4200 km。

地貌以高原为主，东部是大兴安岭，南部是嫩江平原、西辽河平原和河套平原，西部是腾格里、巴丹吉林、乌兰布和沙漠，北部是呼伦贝尔、锡林郭勒草原。现辖 9 个地级市，3 个盟，共计 21 个市辖区，11 个县级市，17 个县，49 个旗，3 个自治旗，首府是呼和浩特。

5.1.1　历史沿革

内蒙古是中华民族的发祥地之一，也是中国古代北方少数民族主要的活动舞台。红山文化起始于 5000 多年前，是华夏文明最早的遗迹之一。先秦以来的 2000 多年，先后有 10 多个游牧民族在此生息繁衍，时间较长、影响较大的有东胡、林胡、楼烦、匈奴、鲜卑、突厥、乌桓、契丹等。蒙古族发祥于额尔古纳河流域，1206 年，成吉思汗建立蒙古汗国。明朝在辽东西部、漠南南部、甘肃北部和哈密一带先后设置了蒙古卫所 20 多处。1636 年，漠南蒙古 16 个部 49 个封建主先后归属于清朝。1690 年，准噶尔部首领噶尔丹发动叛乱，清朝于 1776 年平定了叛乱，重新统一了蒙古族地区，参照八旗制建立了盟旗制度。清雍正十三年（1735 年）至乾隆四年（1739 年）在今呼和浩特东部新建军事驻防城，命名为"绥远城"，将较早内附的漠南蒙古各部称为"内札萨克蒙古"，内札萨克 49 旗分属于 6 个盟，"内札萨克蒙古"后来演变为"内蒙古"。

1928 年，绥远建省，以归绥县城区设归绥市，作为省会（经中共中央东北局审定，转呈中共中央原则批准）。1947 年 4 月，在王爷庙（今乌兰浩特市）举行内蒙古人民代表会议，成立了内蒙古自治政府。中华人民共和国成立后，内蒙古自治政府改名为内蒙古自治区人民政府。1954年，内蒙古自治区人民政府迁到归绥市，并改称呼和浩特市，定为内蒙古自治区首府。

5.1.2　地形地貌

内蒙古地势较高，平均海拔高度1000 m左右，基本上是一个高原型的地貌区。在世界自然区划中，属于亚洲中部蒙古高原的东南部及其周沿地带，统称内蒙古高原，是中国四大高原中的第二大高原。内部结构有明显差异，具有复杂多样的形态，其中高原约占总面积的53.4%，山地占20.9%，丘陵占16.4%，平原与滩川地占8.5%，河流、湖泊、水库等水面占0.8%。

除东南部外，基本是高原，由呼伦贝尔高平原、锡林郭勒高平原、巴彦淖尔—阿拉善及鄂尔多斯等高平原组成，平均海拔1000 m左右，海拔最高点贺兰山主峰3556 m。高原四周分布着大兴安岭、阴山（狼山、色尔腾山、大青山、灰腾梁）、贺兰山等山脉，构成内蒙古高原地貌的脊梁。内蒙古高原西端分布有巴丹吉林、腾格里、乌兰布和、库布其、毛乌素等沙漠，总面积15万km²。在大兴安岭的东麓、阴山脚下和黄河岸边，有嫩江西岸平原、西辽河平原、土默川平原、河套平原及黄河南岸平原。这里地势平坦、土质肥沃、光照充足、水源丰富，是内蒙古的粮食和经济作物主要产区。在山地向高平原、平原的交接地带，分布着黄土丘陵和石质丘陵，其间杂有低山、谷地和盆地分布，水土流失较严重。

5.1.3　气候特征

内蒙古地域广袤，所处纬度较高，高原面积大，距离海洋较远，边沿有山脉阻隔，由于地理位置和地形的影响，形成以温带大陆性季风气候为主的复杂多样的气候，具有降水量少而不匀、风大、寒暑变化剧烈的特点。春季气温骤升，多大风天气；夏季短促温热，气温在25 ℃左右，降水集中；秋季气温剧降，秋霜冻往往过早来临；冬季漫长严寒，多寒潮天气，中西部最低气温低于−20 ℃，东部林区最低气温低于−50 ℃。平均年降水量在100～500 mm，无霜期为80～150 d，年日照量普遍在2700 h以上。大兴安岭和阴山山脉是全区气候差异的重要自然分界线，大兴安岭以东和阴山以北地区的气温和降雨量明显低于大兴安岭以西和阴山以南地区。大兴安岭北段地区属于寒温带大陆性季风气候，巴彦浩特—海勃湾—巴彦高勒以西地区属于温带大陆性气候。

全年太阳辐射量从东北向西南递增，降水量由东北向西南递减。年平均气温为0～8 ℃，气温年差平均在34～36 ℃，日差平均为12～16 ℃。年总降水量50～450 mm，东北降水多，向西部递减。东部的鄂伦春自治旗降水量达486 mm，西部的阿拉善高原年降水量少于 50 mm，额济纳旗为 37 mm。蒸发量大部分地区都高于 1200 mm，大兴安岭山地年蒸发量少于 1200 mm，巴彦淖尔高原地区达 3200 mm 以上。

日照充足，光能资源非常丰富，大部分地区年日照时数都大于 2700 h，阿拉善高原的西部地区达 3400 h 以上。全年大风日数平均在 10～40 d，70％发生在春季。其中锡林郭勒、乌兰察布高原达 50 d 以上；大兴安岭北部山地，一般在 10 d 以下。沙暴日数大部分地区为 5～20 d，阿拉善西部和鄂尔多斯高原地区达 20 d 以上，阿拉善盟额济纳旗的呼鲁赤古特大风日，年均 108 d。

5.2 1912—2016 年内蒙古的霜冻灾害

内蒙古是中国主要的畜牧业生产基地，是中国北方重要的生态屏障和气候变化敏感脆弱区。霜冻是危害本区农牧业生产的最严重灾害之一，加强对霜冻灾害事件发生规律的认识和研究，对保护农牧业生产具有重要的现实意义和生态价值。虽然前人已经对内蒙古地区霜冻灾害进行了研究，但其研究时间尺度较短，地域范围较小，多数以观测站的气象数据资料为基础。本研究基于历史文献数据资料的搜集与整理，对 1912—2016 年内蒙古的霜冻灾害进行百年尺度的研究，科学分析其等级、时空分布特征、周期规律和相关性等，希冀为降低霜冻灾害的危害提供切实可行的应对之策。

5.2.1 时间变化特征

5.2.1.1 等级变化特征

将 1912—2016 年内蒙古自治区发生的 163 次霜冻灾害划分为 3 个等级（表 5-1）。其中 1 级轻度霜冻灾害 48 次，占灾害发生总次数的 29.4％；2 级中度霜冻灾害 59 次，占灾害发生总次数的 36.2％；3 级重度霜冻灾害 56 次，占灾害发生总次数的 34.4％。

将不同等级的霜冻灾害按时间序列表示在图 5-1 中，可以看出 1912—1950 年灾害发生的次数较少，以轻、中度为主；1951—2000 年灾害发生的频次较高，以中、重度为主；2000 年以后重度灾害的发生频率较轻，中度略有下降。

表 5-1 内蒙古 1912—2016 年霜冻灾害等级划分

等级	分级依据	文献记载实例	次数
1 级轻度	文献中有"有霜""出现霜冻灾害"等记载，对生产、生活影响不大	5 月 19 日下霜；7 月有霜；7 月下旬至 8 月初，乌兰察布市卓资县出现霜冻灾害	48

等级	分级依据	文献记载实例	次数
2级 中度	记载有"免垦地岁租""较重霜冻"等，作物减产，对生产、生活有较大影响	秋，鄂尔多斯秋又遭霜冻，免垦地岁租；5月中旬受冷空气影响，巴彦淖尔市－锡林郭勒盟南部出现较重霜冻灾害，甜菜、胡麻、莜麦、豆类受冻	59
3级 重度	文献中记载农作物减产严重，有人畜伤亡，对生产、生活有重大影响	呼伦贝尔市岭东及兴安盟受冻害9.9万公顷；锡林郭勒盟太仆寺旗冻死作物1330余公顷，牲畜100余头（只），树叶全被冻死	56

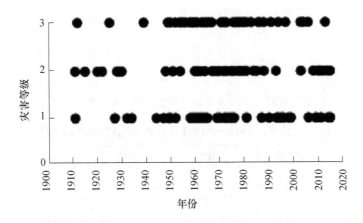

图 5-1　内蒙古 1912—2016 年霜冻灾害等级变化图

5.2.1.2　频次变化特征

根据霜冻灾害发生的频次变化，以 5 年为单位，统计出了 1912—2016 年各时段霜冻灾害的发生频次，并在最小二乘法意义下进行 6 次多项式拟合，绘制出拟合曲线（图 5-2），$R^2 = 0.7821$，拟合程度较好。将每 5 年实际发生的灾害频次与每 5 年平均频次做差值（平均频次为 7.8 次），可以得出灾害频次的距平值（表 5-2）。

根据霜冻灾害频次的距平值和 6 次多项式拟合曲线的变化趋势，可将 1912—2016 年内蒙古地区的霜冻灾害分为 3 个阶段：1912—1946 年为第一阶段，共发生霜冻灾害 16 次，占 9.8%；1947—1986 年为第二阶段，共发生霜冻灾害 104 次，占 63.8%；1987—2016 年为第三阶段，共发生霜冻灾害 43 次，占 26.4%。第一、三阶段距平值以负值为主，属于霜冻灾害低发期，以轻度和中度霜冻灾害为主；第二阶段距平值均为正值，属于霜冻灾害高发期，以重度霜冻灾害为主。

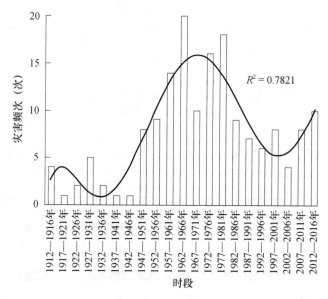

图 5-2　内蒙古 1912—2016 年霜冻灾害发生频次与 6 次多项式拟合曲线

表 5-2　内蒙古 1912—2016 年霜冻灾害频次的距平值变化

时段	距平值	时段	距平值	时段	距平值
1912—1916 年	−3.8	1947—1951 年	0.2	1982—1986 年	1.2
1917—1921 年	−6.8	1952—1956 年	1.2	1987—1991 年	−0.8
1922—1926 年	−5.8	1957—1961 年	6.2	1992—1996 年	−1.8
1927—1931 年	−2.8	1962—1966 年	12.2	1997—2001 年	0.2
1932—1936 年	−5.8	1967—1971 年	2.2	2002—2006 年	−3.8
1937—1941 年	−6.8	1972—1976 年	8.2	2007—2011 年	0.2
1942—1946 年	−6.8	1977—1981 年	10.2	2012—2016 年	2.2

5.2.1.3　季节变化特征

按霜冻灾害发生季节统计，春季（3—5 月）发生 52 次，占 31.9%，主要发生在 5 月；夏季（6—8 月）37 次，占 22.7%，以 6 月为主；秋季（9—11 月）71 次，占 43.6%；冬季（12 月—次年 2 月）3 次，占 1.8%。由此可见，春、秋两季是内蒙古地区霜冻灾害高发期。

5.2.2　空间分布特征

以内蒙古自治区标准地图为地理底图，绘制完成 1912—2016 年内蒙古地区霜冻灾害发生频次空间分布图（图 5-3）、1912—2016 年内蒙古地区霜冻灾害等级空间分布图（图 5-4）。从图 5-3 和图 5-4 可知，霜冻灾害多发的地区集中分布在内蒙古东北部、东南部和中部地区。赤峰和乌兰察布发生重度霜冻灾害的频次较高，乌海和阿拉善较低。乌兰察布和巴彦淖尔发生春霜冻的频次较高，赤峰发生秋霜冻灾害的频次较高。

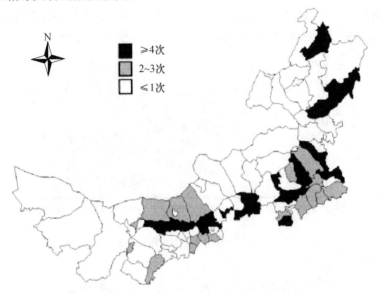

图 5-3　内蒙古 1912—2016 年霜冻灾害发生频次空间分布图

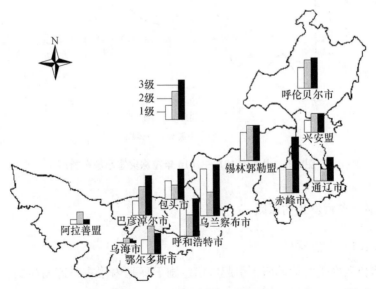

图 5-4　内蒙古 1912—2016 年霜冻灾害等级空间分布图

5.2.3　周期规律

利用 Morlet 小波分析方法对 1912—2016 年内蒙古地区霜冻灾害的周期规律

进行分析，得出不同时间尺度下灾害的周期变化关系图（图 5-5）。图中存在 2 个明显的集中区和 4 个明显的峰值，即 1940—1965 年和 1970—2010 年集中区，说明在这两个阶段内蒙古地区的霜冻灾害发生频率较高，4 个明显的峰值表明在低等级层次中存在 3～4 年或者 7～8 年的周期规律，在中等级层次中存在 13～14 年的周期规律，在高等级层次中存在 26～27 年的周期规律。

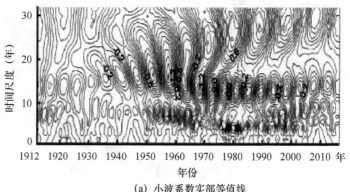

（a）小波系数实部等值线

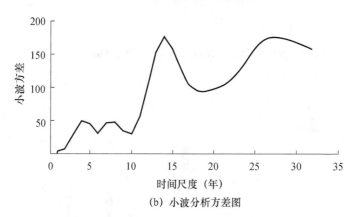

（b）小波分析方差图

图 5-5　内蒙古 1912—2016 年霜冻灾害小波分析图

5.2.4　灾害发生的原因

5.2.4.1　东亚季风

寒潮和强冷空气活动南下引起气温急剧下降是内蒙古霜冻发生的主要原因。内蒙古高原距离冬季风的源地近，受东亚冬季风影响频率高，强度大，时间长。侵入中国的寒潮路径主要有西路、中路和东路 3 条。除西路外，内蒙古地区是中路和东路的必经之路，中路影响内蒙古中部和东南部，东路影响内蒙古东北部和东南部。因此，内蒙古东北部、东南部和中部霜冻灾害发生的概率较高。

通过对东亚冬季风指数的相关研究表明，1950—1986 年为强冬季风时段，1987—2004 年为弱冬季风时段。将内蒙古霜冻灾害的频次变化与季风变化时段对照发现：1947—1986 年的霜冻灾害高发期与强冬季风时段、1987—2016 年霜冻灾害低发期与弱冬季风时段均具有较高的一致性。

由此可知，冬季风的强弱与霜冻灾害发生的频率和程度具有关联性，强冬季风年代霜冻灾害高发，弱冬季风年代霜冻灾害低发。

5.2.4.2　人口规模

内蒙古地区以畜牧业为主，生产和生活方式独特，使得该地区的人口分布区与农作物、畜牧业的分布区基本重合。将图 5-3、图 5-4 和内蒙古地区人口密度与城市人口规模图叠加、比对后发现，人口密集区就是霜冻灾害多发地区。因此，选取人口因子分析霜冻灾害与人口的相关性是可行的。将灾害发生频次与人口做双变量相关分析，结果为显著性（双侧）的值即 $sig=0.002$（<0.05），说明灾害发生的频次与人口规模存在显著性，相关性分析具有统计学意义，Pearson 相关性的值为 0.34，表明人口规模与霜冻灾害发生频次在 0.01 水平上呈显著正相关，即人口多的地方发生霜冻灾害的频次较高。

5.2.4.3　ENSO 事件

根据中国气象局国家气候中心发布的 ENSO 年数据，1950—2016 年发生的 33 次 ENSO 事件中，ENSO 暖事件发生 19 次，占 58%；ENSO 冷事件发生 14 次，占 42%。霜冻灾害与 ENSO 事件的 X^2 检验结果显示，ENSO 暖事件期间 $X^2=2.631$，即 $X^2<X_{0.05}^2$，表明内蒙古地区霜冻灾害与 ENSO 暖事件关系不显著。ENSO 冷事件期间 Pearson 卡方的渐近 sig（双侧）$=0.001$（<0.05），表明霜冻灾害与 ENSO 冷事件相关分析具有统计学意义，$X^2=4.562$，即 $X^2>X_{0.05}^2$，表明内蒙古地区霜冻灾害与 ENSO 冷事件显著相关。

综上所述，内蒙古地区霜冻灾害发生的原因是多方面的，既有自然因素，也有人文因素，是多因素综合作用的结果。本研究就东亚冬季风、ENSO 事件以及人口等进行了探讨，未考虑农作物受害种类、受灾面积等因素，未能对西伯利亚高压、北极涛动（AO）等大气环流的影响展开分析，使得研究结论具有一定的局限性。因此，不断积累气象观测数据，对更长时间序列的气候事件进行综合分析，是未来气候变化研究的重要途径和方向。

5.3　1912—2016 年内蒙古的雪灾

雪灾是因长时间大规模的降雪造成大范围积雪、雪暴、雪崩而成灾，威胁人畜生命安全，影响人们正常生活的自然灾害现象。内蒙古地区是中国最大的草原牧区，以天然放牧为主，由于干旱少雨，分布有大面积的荒漠草原，冬春季节牧草严重不足，如突发雪灾，会给牧区造成严重的影响。本研究综合考虑文献记载的灾情状况，与现代雪灾分级标准相对应，探讨1912—2016年内蒙古雪灾发生的等级、时空变化特征及周期规律，为该地区雪灾的防治提供指导。

5.3.1 时间变化特征

5.3.1.1 等级变化特征

《牧区雪灾等级》将牧区雪灾划分为轻灾、中灾、重灾和特大灾4个等级。参照上述标准，对于研究时段内雪灾等级的划分，在积雪深度等气象条件的基础上，结合历史文献中的记载，依据雪灾的持续时间、影响范围以及对当地人民生产、生活的影响程度，将1912—2016年内蒙古发生的179次雪灾划分为以下4个等级（表5-3），其中轻灾29次，占16.2%；中灾66次，占36.9%；重灾58次，占32.4%；特大灾26次，占14.5%。等级为中灾以上的雪灾占83.8%，具有灾情重的特点。

表5-3 雪灾等级划分

等级	分级依据	文献记载实例	次数
1级 轻灾	文献中有记载"轻度白灾""灾情较轻""降雪偏少""积雪不多"等，对人民生产、生活影响较小	1960年，正蓝旗年内出现轻白灾，损失较轻	29
2级 中灾	文献中有记载"大白灾""人畜有伤亡""部分牲畜冻死"等，雪灾造成部分牲畜死伤，对人民生产、生活造成较大影响	1957年4月9日，鄂尔多斯出现暴风雪灾害，降雪量9~10 mm，造成部分牲畜死亡，个别牧户被积雪所阻	66
3级 重灾	文献中有记载"家畜死亡过半""严重白灾""受灾严重"等，受灾时间长、范围大，牲畜死亡数量巨大，对人民生产、生活造成严重影响	1968年，乌拉特中旗11月下旬起，连续降雪有50多天，积雪日数113天，风雪使交通阻塞，灾情严重	58
4级 特大灾	文献中有记载"特大白灾""罕见""牛羊几乎死光"等，受灾时间极长、范围极大，牲畜死亡数量极多，对人民生产、生活造成极为严重的影响	1940年初冬，11月3—5日，哲盟普遍下了30~40 mm冰雪，庄稼冻在地里，山鸡野兔冻死，伸手可取，是历史上少有的大冰雪灾害	26

5.3.1.2　频次变化特征

以 5 年为单位，统计 1912—2016 年内蒙古各时段雪灾发生的频次，并将雪灾每 5 年实际发生的频次与每 5 年的平均频次作差值，得到雪灾频次的距平值（表 5-4）。根据频次和距平值的变化，可将 1912—2016 年内蒙古的雪灾划分为 4 个阶段。1912—1951 年为第一阶段，发生雪灾 44 次，平均每年发生 1.13 次；1952—1986 年为第二阶段，发生雪灾 84 次，平均每年发生 2.47 次；1987—2006 年为第三阶段，发生雪灾 29 次，平均每年发生 1.53 次；2007—2016 年为第四阶段，发生雪灾 22 次，平均每年发生 2.44 次。第一、三阶段以负距平值为主，是雪灾的低发期；第二、四阶段，以正距平值为主，以中到重度以上雪灾为主，是雪灾的多发期且强度较大。

表 5-4　内蒙古 1912—2016 年雪灾频次的距平值变化

时段	距平值（次）	时段	距平值（次）	时段	距平值（次）
1912—1916 年	−0.52	1947—1951 年	−1.52	1982—1986 年	4.48
1917—1921 年	−7.52	1952—1956 年	4.48	1987—1991 年	−2.52
1922—1926 年	−4.52	1957—1961 年	1.48	1992—1996 年	−1.52
1927—1931 年	−1.52	1962—1966 年	3.48	1997—2001 年	−0.52
1932—1936 年	−0.52	1967—1971 年	1.48	2002—2006 年	−0.52
1937—1941 年	−3.52	1972—1976 年	1.48	2007—2011 年	2.48
1942—1946 年	−4.52	1977—1981 年	7.48	2012—2016 年	2.48

5.3.1.3　季节变化特征

将 1912—2016 年内蒙古雪灾发生的时间按月划分，由于雪灾持续时间较长，文献记载中的时间跨度较大，有时连续多月，因此，统计时将灾害频次按月累计。如 1981 年，太仆寺旗 10 月下旬至 11 月初连降大雪，积雪厚度超过 30 cm，形成白灾，有 9076 户、3.5 万人受重灾，则 10 月、11 月分别记一次。由雪灾的月际变化（表 5-5）可知，内蒙古的降雪期从 9 月开始一直持续到次年 5 月底、6 月初，一年内仅 7 月、8 月没有降雪。其中春季（3—5 月）69 次，占 25.37%；夏季（6—8 月）1 次，占 0.37%；秋季（9—11 月）71 次，占 26.10%；冬季（12 月—次年 2 月）频次最高，共 131 次，占 48.16%。此外，不同等级雪灾发生时间具有明显的季节差异性，夏季雪灾发生的概率很小；冬、春、秋季均是雪灾高发期，以中、重和特大灾为主，特别是 11 月至次年 3 月为重灾和特大灾多发季。原因是冬、春、秋季冷空气活动频繁，气温较低，容易形成"坐冬雪"。

表 5-5　内蒙古 1912—2016 年雪灾的月际变化　　　　单位：次

月份	轻灾	中灾	重灾	特大灾	月份	轻灾	中灾	重灾	特大灾
3 月	1	8	14	9	9 月	3	2	1	2
4 月	1	12	5	2	10 月	0	2	3	1
5 月	1	10	3	3	11 月	6	16	22	13
6 月	0	1	0	0	12 月	4	19	15	15
7 月	0	0	0	0	次年 1 月	2	10	17	15
8 月	0	0	0	0	次年 2 月	4	6	12	12

5.3.2　空间分布特征

今属内蒙古的 9 个地级市、3 个盟中，历史上发生过雪灾的有 11 个。下辖的101 个市辖区（县级市、县、旗、自治旗）中，有 95 个曾发生过不同程度的雪灾。绘制 1912—2016 年内蒙古雪灾频次空间分布图（图 5-6）和雪灾等级空间分布图（图 5-7）。图 5-6 显示，雪灾频次较高的地区主要分布在草原辽阔，以农牧业经济为主的中、东部地区，而戈壁、沙漠分布较多的西部地区因异常干燥，空气中的水汽条件较差，雪灾频次较低。从图 5-7 可知，1912—2016 年内蒙古除阿拉善盟和乌海市以外，均发生过重度、特大雪灾；重度、特大雪灾频次较高的地区主要分布在中、东部。其中，锡林郭勒盟和呼伦贝尔市西部牧区频次、等级最高，除了受下垫面的影响外，主要是由于地形较高，容易形成降雪。由此可见，1912—2016 年内蒙古雪灾发生的频次和等级受下垫面状况以及地形因素影响显著。

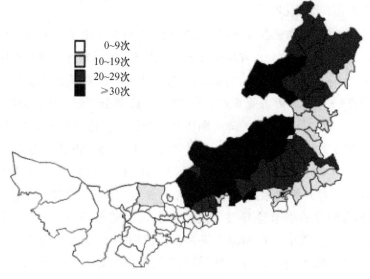

图 5-6　内蒙古 1912—2016 年雪灾发生频次空间分布图

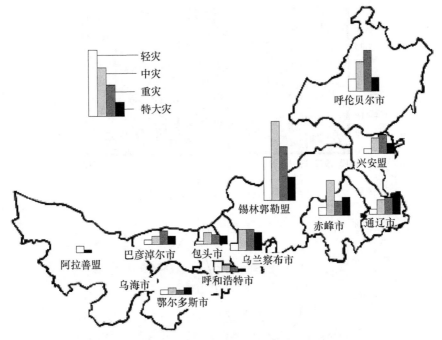

图 5-7　内蒙古 1912—2016 年雪灾等级空间分布图

5.3.3　周期规律

将内蒙古 1912—2016 年雪灾的时间和频次等数据利用 Morlet 小波进行处理分析，绘制小波系数实部等值线图（图 5-8 a）及小波方差图（图 5-8 b）。由图 5-8 a 可知，雪灾的周期具有多时间尺度且不同时间尺度周期相互嵌套的特征，其中第二、四阶段的小波系数实部值多为正数，周期信号明显，雪灾频次较高。由图 5-8 b 可知，小波方差分别在 9 年、22 年、36 年、53 年的时间尺度上存在 4 个明显的峰值。其中，在 36 年和 53 年的时间尺度峰值较高，表明 36 年和 53 年左右周期震荡强烈。内蒙古雪灾的主要周期有 4 个，53 年左右、36 年左右、9 年左右、22 年左右分别对应雪灾发生的第一、二、三、四个主周期。

5.3.4　雪灾发生的条件与原因

5.3.4.1　发生条件

内蒙古发生白灾的主要原因是降雪量过大，但降雪量并不是唯一的决定因素。1988 年 11 月 22 日，呼伦贝尔市部分地区出现大到暴雪，积雪达 20 cm，曾一度受到白灾威胁，但因气温偏高，白灾并未形成。可见，白灾的形成及发展与温度条件也有着密切的联系，温度偏高会加速积雪层融化。此外，积雪层会

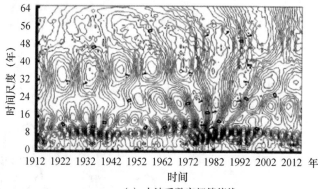

(a) 小波系数实部等值线

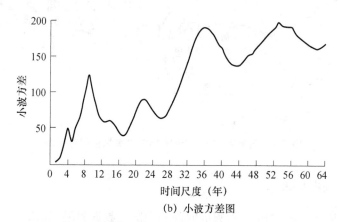

(b) 小波方差图

图 5-8　内蒙古 1912—2016 年雪灾小波分析图

降低太阳对地面的辐射，导致温度降低，加重白灾的程度。因此，只有降雪量大、积雪层达到一定深度且温度条件可以保证积雪层持续较长时间，才能形成白灾。内蒙古牛、羊正常生长的适宜温度一般是 5～20 ℃，一般称日平均气温稳定≤−5 ℃的时段为低温掉膘期。长期的低温使牲畜掉膘严重，体质变差，抗灾能力减弱；同时低温延缓了积雪的消融，使灾情加重。牧区雪灾标准定义积雪深度达到牧草高度的 30% 就可能发生轻度雪灾，因此，内蒙古发生白灾的条件为积雪深度大于等于牧草高度的 30%，日平均气温稳定≤−5 ℃。

暴风雪灾害成灾的根本原因是大风和降雪同时发生。强风将雪吹起形成白毛风，增加了空气的湿度，大风带走更多热量使天气更冷，造成人畜冻伤、死亡。此外，暴风雪使能见度降低，人畜在大风中迷失方向，摔伤、死亡严重。研究表明，大风和暴雪同时出现的概率在隆冬时节极少。文献中多有"黑风雪""伴有大风""暴风雪"等记载。1912—2000 年有连续明确记录的暴风雪共发生42 次，其中春季 24 次，占 57.14%；夏季 0 次；秋季和冬季均为 9 次，各占

21.43%。可见，春季是暴风雪的多发期，温度更低的冬季暴风雪频次反而较少，原因在于内蒙古冬季受蒙古冷高压影响，天气寒冷而干燥；而春季气温回升，气旋活动增多，加剧了空气的流动，气象条件更利于暴风雪的形成。

5.3.4.2　东亚季风

内蒙古距离冬季风源地近，受冬季风影响时间长、强度大。冬季风是影响内蒙古雪灾空间分布特征的重要因素。寒潮是由大规模的冬季风强烈发展引起的冬季风活动。寒潮侵入我国的 3 条路径均经过内蒙古的中、东部，加上中、东部水汽条件较好，是造成内蒙古雪灾空间东西分异的重要因素。其中一部分冷空气南下时受到东西走向的阴山山脉和东北—西南走向的大兴安岭的阻挡，堆积抬升，加上迎风坡水汽条件较好，给降雪的形成提供了有利条件；一部分冷空气从阴山和大兴安岭的间隙穿过，经浑善达克沙地南下，途中无高大山脉阻挡，冷空气无法在此处长时间停留，因而导致阴山和大兴安岭附近雪灾频发。

5.3.4.3　ENSO 事件

1950—2016 年底共发生 ENSO 事件 33 个，通过计算得出 ENSO 暖事件（El Nino）和 ENSO 冷事件（La Nina）的 X^2 值，与显著水平为 0.05 的 $X_{0.05}^2$ 的值（3.841）进行比较，若 $X^2 > X_{0.05}^2$，表明雪灾与 ENSO 事件相关性显著；若 $X^2 < X_{0.05}^2$，则表明雪灾与 ENSO 事件相关性不显著。结果显示，El Nino 年 $X^2 = 1.455 < X_{0.05}^2$，La Nina 年 $X^2 = 4.622 > X_{0.05}^2$，表明 La Nina 年发生雪灾的县（旗）数多于常年，雪灾与 ENSO 冷事件显著相关；与 ENSO 暖事件关系不显著。

与已有研究结果"清代山西 El Nino 年霜雪低温灾害的频次比常年低、La Nina 对雪灾发生的加强作用较为显著"基本一致。这是由于 El Nino 年气温升高而 La Nina 年气温降低，且 La Nina 年降水量增加。

第6章 河南自然灾害时空特征与规律

河南省位于中国中东部、黄河中下游,介于 $31°23'-36°22'$ N、$110°21'-116°39'$ E,东接安徽、山东,北接河北、山西,西接陕西,南邻湖北,呈望北向南、承东启西之势,古称天地之中,被视为中国之处而天下之枢,地势西高东低。

6.1.1 历史沿革

河南是我国古代文明发祥地之一,商代的首都西亳、殷均在境内。在安阳殷墟发现的甲骨文,是世界上最早的文字,也是世界上最早的历史文献。两汉时期,河南地区的经济和文化处于全国前列。东汉建都洛阳,隋朝以洛阳为中心开凿了沟通南北的大运河,促进了南北经济、文化交流。北宋建都开封,人口达 100 多万,为全国第一大城市,商业贸易额占全国之半,各方面都极一时之盛。元朝建立行省制度,明、清沿袭,河南的疆域大体上与今天的河南省相近。

6.1.2 地形地貌

河南省呈西高东低地势,北、西、南三面千里太行山脉、伏牛山脉、桐柏山脉、大别山脉沿省界呈半环形分布;中、东部为黄淮海平原;西南部为南阳盆地。境内平原和盆地、山地、丘陵分别占总面积的 55.7%、26.6%、17.7%。灵宝市境内的老鸦岔为全省最高峰,海拔 2413.8 m;最低处在固始县的淮河出省处,仅 23.2 m。

6.1.3 气候特征

河南大部分地处暖温带,南部跨亚热带,属北亚热带向暖温带过渡的大陆性季风气候,同时还具有自东向西由平原向丘陵山地气候过渡的特征,具有四季分明、雨热同期和气候灾害频繁的特点,冬季寒冷雨雪少,春季干旱风沙多,夏季炎热雨丰沛，秋季晴朗日照足。

全省年平均气温一般在 12～16 ℃，1 月－3～3 ℃，7 月 24～29 ℃，大体东高西低，南高北低，山地与平原间差异比较明显。气温年较差、日较差均较大，极端最低气温－21.7 ℃（1951 年 1 月 12 日，安阳）；极端最高气温 44.2 ℃（1966 年 6 月 20 日，洛阳）。全年无霜期从北往南为 180～240 d，适宜多种农作物生长。年平均降水量为 500～900 mm，南部及西部山地较多，大别山区可达 1100 mm 以上。全年降水的 50％集中在夏季，常有暴雨。

6.2　明代自然灾害时空特征与规律

6.2.1　历史沿革

从《明史·地理志》、《中国行政区划通史》（明代卷）中河南政区沿革和谭其骧主编的《中国历史地图集》第 7 册明时期图组中万历十年（1582 年）河南图中可知，明洪武元年（1368 年）置河南行中书省，洪武九年（1376 年）改为河南承宣布政使司，驻开封府历城县，辖 8 个府 1 个直隶州：开封府、河南府（洛阳）、归德府（商丘）、南阳府、汝宁府（汝南）、卫辉府、彰德府（安阳）、怀庆府（沁阳）和汝州直隶州（汝州），在开封驻有周王。

6.2.2　灾害的主要类型

水灾是指因久雨、山洪暴发、河水泛滥等原因而造成的灾害。数据摘录原则如下：资料中有明确记载有关于水灾信息的，如"水""大水""特大水"；有明确记载河流信息的，如"河溢""河决""河徙"等；有明确记载天气信息的，如"大雨""大雨雹""大霖雨"等；有关于水势描述的，如"淹没""冲塌"等。

旱灾指因气候严酷或不正常的干旱而形成的气象灾害。一般指因土壤水分不足，农作物水分平衡遭到破坏而减产或歉收从而带来粮食问题，甚至引发饥荒。数据摘录原则如下：资料中有明确记载旱灾信息的，如"旱""大旱""特大旱"；有明确记载禾苗信息的，如"麦苗尽枯""无禾""百谷无成""稼尽槁死"等。有明确记载天气信息的，如"不雨""冬无雪"等；有明确记载河流信息的，如"河流欠浃""河清""河竭"等。

霜雪低温灾害是一种基于温度要素的灾害，包括三个方面的内容，一因地面气温急剧下降，二因地面气温达到某一较低水平，三因地面有一定积雪而造成的灾害，都属于霜雪低温灾害。数据摘录原则如下：资料中有直接记载灾害信息的，如"陨霜"和"大雪"等，有间接描述灾害信息的，如"雨木冰""池结冰花"和"结冰如石"等。

蝗灾是一种毁灭性的生物灾害，与水灾、旱灾并称为中国古代社会的三大自然灾害。数据摘录原则如下：资料中有直接记录蝗灾信息的，如"蝗""大蝗""蝻"等；有对灾害程度进行描述的，如"蝗飞蔽天""蝗蝻遍野""田禾一空""食禾殆尽"等。

6.2.3　时间变化特征

根据文献资料的记载，对明代河南各个府州的水、旱、蝗和霜雪低温灾害发生的频次，以年为单位进行统计分析，若一年内同一种灾害发生多次，按一个灾害年进行统计。对明代河南各个府州各类灾害的季节统计，则按照各类灾害实际发生的次数进行统计。因此，等级变化特征、频次变化特征统计分析的数据与季节变化特征统计分析的数据是不同的。

6.2.3.1　等级变化特征

将 1368—1643 年河南发生的水、旱、蝗和霜雪低温灾害，划分为 3 个等级（表 6-1）。其中 1 级轻度水灾为 64 次，2 级中度水灾为 66 次，3 级重度水灾为 13 次；1 级轻度旱灾为 75 次，2 级中度旱灾为 62 次，3 级重度旱灾为 5 次；1 级轻度蝗灾为 30 次，2 级中度蝗灾为 29 次，3 级重度蝗灾为 11 次；1 级轻度霜雪低温灾害为 9 次，2 级中度霜雪低温灾害为 18 次，3 级重度霜雪低温灾害为 13 次。1 级轻度水、旱、蝗和霜雪低温灾害总数为 178 次，占灾害总次数的 45.06%；2 级中度水、旱、蝗和霜雪低温灾害总数为 175 次，占灾害总次数的 44.30%；3 级重度水、旱、蝗和霜雪低温灾害总数为 42 次，占灾害总次数的 10.63%。水灾的总发生次数为 143 次，占灾害总次数的 36.20%；旱灾的总发生次数为 142 次，占灾害总次数的 35.95%；蝗灾的总发生次数为 70 次，占灾害总次数的 17.72%；霜雪低温灾害的总发生次数为 40 次，占灾害总次数的 10.13%。由此可知，明代河南水灾的发生次数最多，旱灾次之，霜雪低温灾害发生的次数最少。

表 6-1　明代河南水、旱、蝗和霜雪低温灾害等级划分

等级	分级依据	文献记载实例	次数（次）
1 级轻度	文献中有"水""旱""蝗""陨霜""雪"和"雨木冰"等记载，但是对生产、生活未有重大影响	沁阳等水，河决；商水、淮阳、淮宁、项城六月旱；通许、开封、陈留夏蝗灾；禹县三月陨霜；汝南九月雪；长葛冬雨木冰	178
2 级中度	文献中有"大水""大旱""蝗飞蔽天""陨霜杀麦""大雪"等记载，作物减产，对生产、生活有较大影响	八月河南大水；鹿邑春正月至夏六月不雨，大旱，无麦禾；兰考蝗飞蔽天，遗种生蝻，食禾殆尽；鲁山二月二十六日大降严霜，麦禾尽枯；淮阳大雨雪，树多冻死	175

等级	分级依据	文献记载实例	次数（次）
3级重度	文献中有"特大水""特大旱""雪深数尺"等记载，农作物减产严重，有人畜伤亡，引起特大饥荒，有"人相食"，对生产、生活有重大影响	平地水深丈余，漂民庐舍、物产不可胜计；河南特大旱，黄河竭，行人可涉；方城秋蝗食稼，民大饥，父子相食；淮阳风雪浃旬，人畜冻死，是岁大疫，死者相望；扶沟冰坚盈尺，民多冻死	42

　　将不同等级的水、旱、蝗和霜雪低温灾害按时间序列表示在图 6-1、图 6-2、图 6-3 和图 6-4 中。由图 6-1 可以看出，1级轻度水灾的发生有四个集中时间段：1368—1383 年、1438—1502 年、1544—1590 年、1617—1643 年；2级中度水灾的发生有两个集中时间段：1391—1489 年、1508—1588 年；3级重度水灾，在 1461 年之后零星发生，在 1537—1632 年发生频繁。

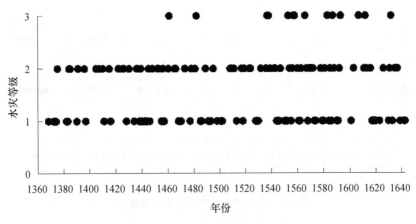

图 6-1　明代河南水灾等级变化

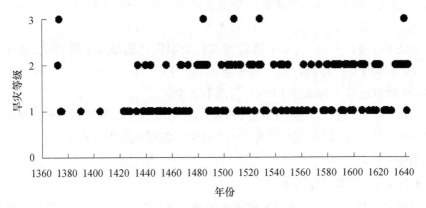

图 6-2　明代河南旱灾等级变化

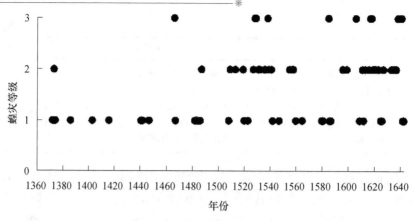

图 6-3　明代河南蝗灾等级变化

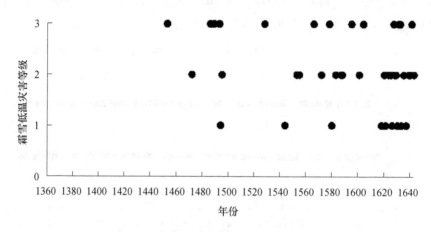

图 6-4　明代河南霜雪低温灾害等级变化

由图 6-2 可以看出，1 级轻度旱灾在 1422 年后发生频繁，2 级中度旱灾在
1433 年后发生频繁，3 级重度特大旱灾总共为 5 次，在 1480—1528 年间就发生
了 3 次。

由图 6-3 可以看出，1 级轻度蝗灾在整个明代时期都发生频繁，2 级中度蝗
灾在 1509 年后发生频繁，主要集中在 1509—1558 年、1599—1643 年这两个时
间段，3 级重度特大蝗灾在 1466 年后时有发生。

由图 6-4 可以看出，霜雪低温灾害在 1453 年后发生频繁，1 级轻度霜雪低
温灾害在 1618—1637 年间比较集中，2 级中度霜雪低温灾害在 1620—1643 年间
比较集中。

6.2.3.2　频次变化特征

根据水、旱、蝗和霜雪低温灾害发生的频次变化，以 12 年为单位，统计出
1368—1643 年各时段水、旱、蝗和霜雪低温灾害的发生频次，在最小二乘法意

义下进行 6 次多项式拟合，并绘制拟合曲线（图 6-5），R^2 分别为 0.5683、0.8305、0.7237 和 0.6982，拟合程度均较好。根据图 6-5 的拟合曲线可得：水灾的发生频次变化趋势分为 3 个下降阶段和 3 个上升阶段，1368—1391 年、1440—1499 年、1572—1619 年是水灾发生频次下降阶段，1392—1439 年、1500—1571 年、1620—1643 年是水灾发生频次上升阶段，1500—1571 年上升速度最快，1572—1619 年下降速度最快。旱灾的发生频次变化趋势分为 1 个下降阶段，2 个上升阶段和 1 个平缓阶段，1368—1403 年为下降阶段，1404—1475 年和 1620—1643 年为上升阶段，1476—1619 年为平缓阶段。蝗灾的发生频次变化趋势分为 2 个下降阶段和 2 个上升阶段，1608—1643 年间拟合曲线的斜率最大，上升的速度最快。霜雪低温灾害的发生频次变化趋势总体为上升趋势。1619 年之后水、旱、蝗和霜雪低温灾害的发生频次变化趋势均呈上升趋势。

将水、旱、蝗和霜雪低温灾害每 12 年实际发生的频次与明代以来各灾害每 12 年平均频次做差值，得出灾害频次的距平值（图 6-6、图 6-7、图 6-8、图 6-9）。水灾每 12 年发生的平均频次为 6.22 次，旱灾每 12 年发生的平均频次为 6.17 次，蝗灾每 12 年发生的平均频次为 3.09 次，霜雪低温灾害每 12 年发生的平均频次为 1.74 次。

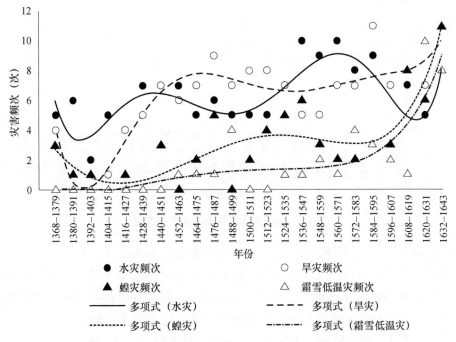

图 6-5　明代河南灾害发生频次与 6 次多项式拟合曲线

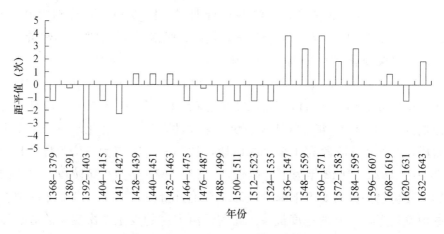

图 6-6　明代河南水灾频次距平值变化

由图 6-6 可知：明代河南地区水灾距平值变化分为 5 个阶段，1368—1427 年为第一阶段，1428—1463 年为第二阶段，1464—1535 年为第三阶段，1536—1595 年为第四阶段，1596—1643 年为第五阶段。第一阶段和第三阶段距平值均为负值，属于水灾低发期；第二阶段和第四阶段距平值均为正值，属于水灾高发期；第五阶段，水灾呈低发期和高发期交替出现的态势。

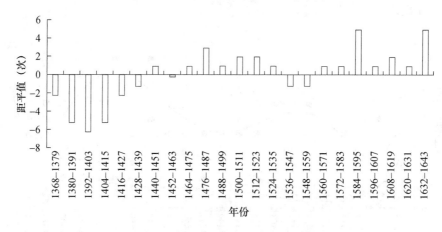

图 6-7　明代河南旱灾频次距平值变化

由图 6-7 可知：明代河南地区旱灾距平值变化分为 5 个阶段，1368—1439 年为第一阶段，1440—1463 年为第二阶段，1464—1535 年为第三阶段，1536—1539 年为第四阶段，1540—1643 年为第五阶段。第一阶段和第四阶段距平值均为负值，属于干旱灾害低发期；第三阶段和第五阶段距平值均为正值，属于干旱灾害高发期；第二阶段，干旱灾害低发期和高发期呈交替出现。

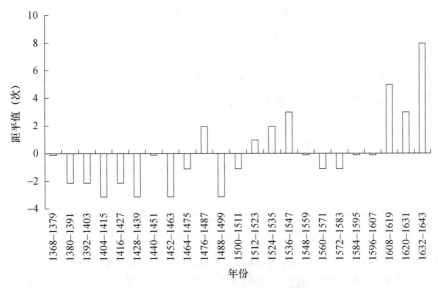

图 6-8 明代河南蝗灾频次距平值变化

由图 6-8 可知：明代河南地区蝗灾距平值变化分为 6 个阶段，1368—1475 年为第一阶段，1476—1487 年为第二阶段，1488—1511 年为第三阶段，1512—1547 年为第四阶段，1548—1607 年为第五阶段，1608—1643 年为第六阶段。第一阶段、第三阶段和第五阶段距平值均为负值，属于蝗灾低发期；第二阶段、第四阶段和第六阶段距平值均为正值，属于蝗灾高发期。明代河南地区蝗灾从总体来看低发期和高发期呈交替出现。

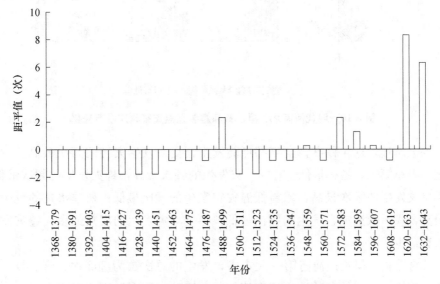

图 6-9 明代河南霜雪低温灾害频次距平值变化

由图 6-9 可知：明代河南地区霜雪低温灾害距平值变化分为 6 个阶段，1368—1487 年为第一阶段，1488—1499 年为第二阶段，1500—1571 年为第三阶段，1572—1607 年为第四阶段，1608—1619 年为第五阶段，1620—1643 年为第六阶段。第一阶段、第三阶段和第五阶段距平值均为负值，属于霜雪低温灾害低发期；第二阶段、第四阶段和第六阶段距平值均为正值，属于霜雪低温灾害高发期。明代河南地区霜雪低温灾害从总体来看低发期和高发期呈交替出现。

6.2.3.3 季节变化特征

对明代河南的水灾、旱灾、蝗灾和霜雪低温灾害发生的季节特征进行统计分析（图 6-10）。

结果表明：春季（农历一到三月）各类灾害总发生次数为 102 次，其中水灾发生 17 次，旱灾共发生 58 次，蝗灾共发生 10 次，霜雪低温灾害共发生 17 次；夏季（农历四到六月）灾害总发生次数为 208 次，其中水灾发生 78 次，旱灾发生 84 次，蝗灾发生 43 次，霜雪低温灾害共发生 3 次；秋季（农历七到九月）灾害总发生次数为 160 次，其中水灾发生 87 次，旱灾发生 34 次，蝗灾发生 34 次，霜雪低温灾害发生 5 次；冬季（农历十到十二月）灾害总发生次数为 62 次，其中水灾发生 12 次，旱灾发生 26 次，蝗灾发生 1 次，霜雪低温灾害发生 23 次。

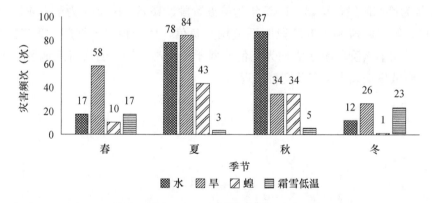

图 6-10 明代河南水、旱、蝗和霜雪低温灾害频次季节变化

综上所述，这 4 种灾害全年都可能发生，夏季发生灾害的频次最高，秋季次之，春季第三，冬季最低。春季旱灾发生的频次最高，蝗灾的频次最低；夏季旱灾发生的频次最高，霜雪低温灾害发生的频次最低；秋季水灾的发生频次最高，霜雪低温灾害发生的频次最低；冬季旱灾发生的次数最多，蝗灾发生的次数最少。

综合分析，旱灾是河南第一大灾害，发生的总次数为 202 次，春、夏、冬季均位列第一，即使是秋季也排在第二位；因此，旱灾发生的概率最高。水灾是河南第二大灾害，总次数为 194 次，秋季位列第一，春、夏、冬季均排在第二位；因此，水灾发生的概率次高。蝗灾是河南第三大灾害，总次数为 88 次，夏、秋季极易发生，即使是冬季也有可能发生。与前三种灾害相比较，河南霜雪低温灾害的发生概率是最低的，这与河南纬度偏南有很大的关系，冬、春季节此类灾害多发。

6.2.4　空间分布特征

通过对明代河南地区水、旱、蝗和霜雪低温灾害的发生频次进行统计，依据明代河南行政区划图，绘制完成明代河南地区水、旱、蝗和霜雪低温灾害发生频次空间分布图（图 6-11）。从图 6-11 可知，开封府的水灾、旱灾、蝗灾和霜雪低温灾害发生频次均是最高的，汝州的水灾、蝗灾和霜雪低温灾害发生频次最低，南阳府的旱灾发生频次最低，卫辉府的霜雪低温灾害发生频次最低，开封府发生灾害的总次数最多，河南府次之，汝州发生灾害的总次数最少。

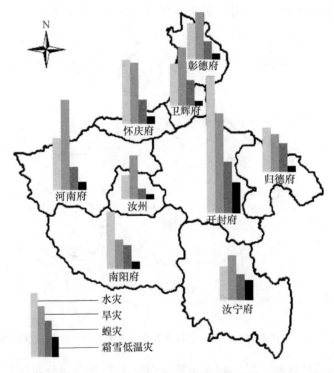

图 6-11　明代河南水、旱、蝗和霜雪低温灾害发生频次空间分布图

按照明代河南布政司所辖府州县划分，豫东地区包括开封府、归德府及其所属州县，豫西地区包括河南府、怀庆府及其所属州县，豫南地区包括汝州、南阳府、汝宁府及其所属州县，豫北地区包括彰德府、卫辉府及其所属州县，对豫东、豫西、豫南和豫北所发生水、旱、蝗和霜雪低温灾害的频次进行统计，绘制完成豫东、豫西、豫南、豫北灾害发生频次区域分布图（图 6-12）。由图 6-12 可得，豫东地区与豫西地区、豫南地区和豫北地区发生频次最多的灾害种类有所不同，豫东地区水灾发生次数最多，而豫西、豫南和豫北地区均是旱灾发生次数最多，主要的原因是豫东地区为黄河泛滥之区，黄河决口导致水灾发生频繁。资料中关于豫东地区河决有诸多的记载，例如"公元 1368 年，荥阳河决""公元 1384 年，秋大水，河决开封""公元 1390 年，秋水，秋七月壬辰河决开封，是月赈河南水灾""公元 1416 年，七月壬寅（8 月 2 日）河南开封等府十四州县淫雨，黄河决堤岸，没民舍田稼""公元 1428 年，荥阳，秋水，河溢。九月，丙子开封府之荥阳、荥泽等十县河水泛溢""公元 1478 年，夏、秋之交连续大雨河决溢，大水。中牟暴雨大作。许昌河决，大水。河决大梁邑境（扶沟）大水滔天。商丘六月初五、初六、初十、十二、十三接连大雨，以致河水泛溢，秋禾被淹，有归德所属夏邑、鹿邑、太康、项城、西华等县。秋七月，河决延津，泛滥七十余村。九月，黄河决开封护城堤五十余丈"。

图 6-12　明代河南水、旱、蝗和霜雪低温灾害发生频次区域分布图

对明代河南地区水、旱、蝗和霜雪低温灾害等级空间分布进行统计，并绘制统计表（表 6-2）。由表 6-2 可得，1 级、2 级和 3 级水灾在开封府均是发生次数最多的，1 级和 2 级水灾在汝州发生的次数最少，3 级水灾在彰德府发生的次数最少。1 级旱灾在开封府和河南府发生的次数最多，在南阳府发生的次数最少，2 级旱灾在开封府发生的次数最多，河南府次之，在南阳府发生的次数最少，3级旱灾在河南府发生的次数最多。1级蝗灾在开封府发生的次数最多，在汝州发生的次数最少，2级蝗灾在开封府发生的次数最多，在彰德府和汝州发生的次数最少，3级蝗灾在开封府和卫辉府发生的次数最多，河南府和南阳府次之，在归德府和汝州发生的次数最少。1级、2级和3级霜雪低温灾害均在开封发生的次数最多，汝宁府次之。

表6-2　明代河南水、旱、蝗和霜雪低温灾害等级空间分布统计表

灾害		府（州）								
类型	等级	开封	怀庆	卫辉	河南	彰德	汝宁	南阳	归德	汝州
水灾	1级	41	11	6	9	5	6	6	10	4
	2级	44	26	15	21	16	10	20	16	6
	3级	14	9	9	7	5	8	9	6	7
旱灾	1级	25	15	17	25	14	11	3	10	10
	2级	43	25	22	35	17	18	14	18	19
	3级	4	4	3	5	3	3	4	4	3
蝗灾	1级	14	5	2	5	5	4	2	2	1
	2级	13	5	5	5	2	6	6	8	2
	3级	10	7	10	6	6	8	9	4	4
霜雪低温灾害	1级	5	0	0	1	0	2	1	1	0
	2级	9	1	2	2	2	2	2	2	2
	3级	8	4	1	2	2	6	2	1	1

综上所述，开封府的水灾、旱灾、蝗灾和霜雪低温灾害发生频次均是最高的，汝州的水灾发生频次最低，南阳府的旱灾发生频次最低，汝州的蝗灾发生频次最低，卫辉府和汝州的霜雪低温灾害发生频次最低，开封府发生灾害的总次数最多，河南府次之，汝州发生灾害的总次数最少。豫东地区水灾发生次数最多，而豫西、豫南和豫北地区均是旱灾发生次数最多。

6.3　清代自然灾害时空特征与规律

6.3.1　历史沿革

清承明制，设河南省，省治开封府。本书的研究区域范围以《清史稿》的记载和《中国历史地图集》第8册清时期图组的嘉庆二十五年（1820年）河南行政区划图中的府州县名为准，共辖9府4直隶州。设开归陈许、河北、河陕汝、南汝光4道，其中开归陈许道驻开封府，辖开封（16个县）、归德（7个

县）、陈州（6 个县）3 府和许州（4 个县）1 直隶州；河北道驻武陟县，辖怀庆（7 个县）、彰德（6 个县）、卫辉（9 个县）3 府；河陕汝道驻陕州，辖河南（9 个县）1 府和陕州（2 个县）、汝州（4 个县）2 直隶州；南汝光道驻信阳州，辖南阳（12 个县）、汝宁（8 个县）2 府和光州（4 个县）1 直隶州。

6.3.2 旱灾时空特征

6.3.2.1 时间变化特征

（1）频次与等级划分

结合历史文献中关于清代河南旱灾的记载，依据旱灾的受灾面积、持续时间以及灾情状况三项标准进行加分量化（表 6-3），以此来划分旱灾年的灾害等级。量化结果分为三个等级，其中，第一等级的分值为 3～6 分，划分为轻灾年；第二等级的分值为 7～11 分，划分为中灾年；第三等级的分值为 12～15 分，划分为重灾年。

表 6-3　清代河南旱灾年等级加分量化计分标准

标准项	计分标准	分值
受灾面积	1～10 个州、县	1
	11～20 个州、县	2
	21～30 个州、县	3
	31～40 个州、县	4
	41 个及以上州、县	5
持续时间	1 个月以内或时间不详	1
	2～3 个月、一季	2
	4～6 个月、两季连发	3
	7～9 个月、三季连发	4
	10～12 个月、全年连发	5
灾情状况	文献中有记载多数灾区"旱""不雨"等，无灾害后果记载	1
	文献中有记载多数灾区"大旱""伤禾""麦歉收"等，农作物还有收成，无饥荒和赈灾记录	2
	文献中有记载多数灾区"大旱""无禾""河竭""民艰食""民有菜色""缓征"等，出现饥荒，蠲免钱粮五分以下	3
	文献中有记载多数灾区"米贵""大饥""流民""旱蝗"等，农作物绝收，饥荒程度更加严重，蠲免钱粮五分以上	4
	文献中有记载多数灾区"特大旱""人相食""疫""饿殍遍野""停征"等，死伤严重并引发社会秩序动乱	5

　　根据以上标准对清代河南147个旱灾年进行等级划分，其中，轻灾年51个，占34.69%；中灾年66个，占44.90%；重灾年30个，占20.41%。根据旱灾年的灾害等级建立清代河南旱灾等级序列（图6-13）。从图中得出，河南的旱灾年主要以轻灾年和中灾年为主。

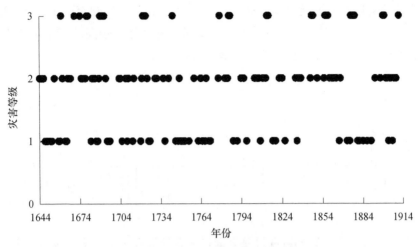

图6-13　清代河南旱灾等级序列图

（2）年际变化特征

　　以10年为单位，统计清代河南各时段旱灾年出现的频次，每10年平均出现旱灾年5.49次，将每10年旱灾年实际出现的频次与每10年旱灾年的平均频次作差值，得到旱灾年频次的距平值（图6-14）。从图中可见，清代河南的旱灾表现为高发期和低发期交替出现的波动性变化的特征。1644—1663年、1674—1693年、1704—1723年、1734—1753年、1764—1773年、1804—1813年、1854—1863年、1874—1883年和1894—1911年这9个时段的距平值均为正数，旱灾年出现频次高于平均频次，属于旱灾的高发期。其中，第一、第二、第三、第四和第九个时段持续20年左右，第五、第六、第七和第八个时段持续10年。1664—1673年、1694—1703年、1724—1733年、1754—1763年、1774—1803年、1814—1853年、1864—1873和1884—1893年这8个时段的距平值均为负数，旱灾年出现频次低于平均频次，属于旱灾的低发期。其中，第一、第二、第三、第四、第七和第八个时段持续10年，第五个时段持续30年，第六个时段长达40年。

　　以10年为单位，统计各个时期不同灾害等级的旱灾年频次，绘制清代河南旱灾年灾害等级变化图（图6-15）。从图中可见，清代河南旱灾年的9个高发时段，1644—1663年、1704—1723年、1734—1753年和1764—1773年这4个时段以轻灾年和中灾年为主；1674—1693年、1854—1863年、1874—1883年、

1894—1911 年这 4 个时段以中灾年和重灾年为主。清代河南旱灾年的 8 个低发时段，1694—1703 年、1724—1733 年、1754—1763 年、1814—1853 年和1884—1893 年这 5 个时段以轻灾年和中灾年为主。因此，1694—1703 年、1724—1733 年、1754—1763 年、1814—1853 年和 1884—1893 年这 5 个时段为旱灾的低发期且灾害等级较低，1674—1693 年、1854—1863 年、1874—1883 年和 1894—1911 年这 4 个时段为旱灾的高发期且灾害等级较高。其中历史上著名的"丁戊奇荒"正是发生在 1874—1883 年这一时段。

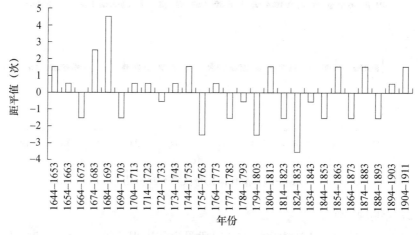

图 6-14　清代河南旱灾年频次距平值变化图

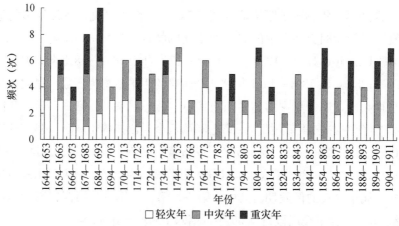

图 6-15　清代河南旱灾年灾害等级变化图

　　清代河南旱灾具有多年连续发生的特征。其中，两年连旱共出现 11 次，三年连旱共出现 9 次，四年连旱出现 2 次，五年连旱出现 4 次，七年连旱、十一年连旱、十五年连旱各出现 1 次（见表 6-4）。

表6-4 清代河南多年连发旱灾纪年表

灾害类型	年 份	频次（次）
两年连旱	顺治元年（1644 年）—顺治二年（1645 年）	11
	顺治五年（1648 年）—顺治六年（1649 年）	
	康熙三年（1664 年）—康熙四年（1665 年）	
	康熙五十二年（1713 年）—康熙五十三年（1714 年）	
	雍正八年（1730 年）—雍正九年（1731 年）	
	乾隆三十二年（1767 年）—乾隆三十三年（1768 年）	
	乾隆三十五年（1770 年）—乾隆三十六年（1771 年）	
	乾隆四十二年（1777 年）—乾隆四十三年（1778 年）	
	咸丰十一年（1861 年）—同治元年（1862 年）	
	同治五年（1866 年）—同治六年（1867 年）	
	光绪六年（1880 年）—光绪七年（1881 年）	
三年连旱	顺治五年（1648 年）—顺治七年（1650 年）	9
	康熙十三年（1674 年）—康熙十五年（1676 年）	
	康熙十七年（1678 年）—康熙十九年（1680 年）	
	康熙四十二年（1703 年）—康熙四十四年（1705 年）	
	康熙四十七年（1708 年）—康熙四十九年（1710 年）	
	乾隆元年（1736 年）—乾隆三年（1738 年）	
	嘉庆十一年（1806 年）—嘉庆十三年（1808 年）	
	嘉庆十七年（1812 年）—嘉庆十九年（1814 年）	
	道光二十五年（1845 年）—道光二十七年（1847 年）	
四年连旱	顺治十五年（1658 年）—顺治十八年（1661 年）	2
	乾隆十四年（1749 年）—乾隆十七年（1752 年）	
五年连旱	同治十三年（1874 年）—光绪四年（1878 年）	4
	乾隆四十七年（1782 年）—乾隆五十一年（1786 年）	
	道光十四年（1834 年）—道光十八年（1838 年）	
	咸丰五年（1855 年）—咸丰九年（1859 年）	
七年连旱	康熙五十八年（1719 年）—雍正三年（1725 年）	1
十一年连旱	光绪二十五年（1899 年）—宣统元年（1909 年）	1
十五年连旱	康熙二十一年（1682 年）—康熙三十五年（1696 年）	1

（3）季节分布特征

清代河南 147 个旱灾年中，有明确季节记载的共 133 次，将旱灾年的总频次以及不同的灾害等级按季节变化表示在图 6-16 中。从图中可见，旱灾主要集中发生在春季、夏季、秋季三季，其中，夏季旱灾频次最高，春季、秋季次之，冬季旱灾频次最低。清代河南旱灾具有多季连发的特征，其中，主要以春夏连旱为主。结合旱灾等级的季节分布可知，春、夏两季是旱灾的高发季节，且发生重灾的概率较高。

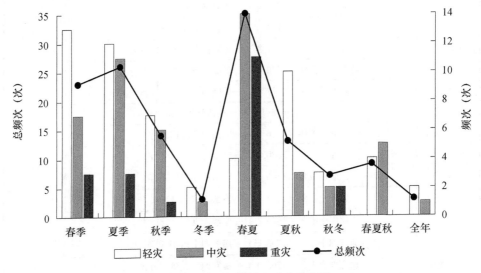

图 6-16　清代河南旱灾季节分布图

（4）周期规律

将清代河南旱灾年的时间和频次等数据利用 Morlet 小波进行处理分析，绘制小波系数实部等值线图及小波方差图（图 6-17）。由图 6-17（a）可知，清前期和清晚期河南旱灾年的小波系数实部值多为正数，信号明显，旱灾年频次较高。由图 6-17（b）可知，小波方差分别在 6 年、15 年的时间尺度上存在峰值，其中，在 15 年的时间尺度峰值较高，表明 15 年左右周期震荡强烈，为清代河南旱灾年的第一主周期。清代河南旱灾年的主要周期有 2 个，15 年左右、5 年左右分别对应旱灾年的第一、二主周期。

6.3.2.2　空间分布特征

统计清代各县域旱灾频次，以乾隆四十八年（1783 年）河南政区图为底图，绘制清代河南旱灾频次空间分布图（图 6-18）。从图中可见，东部平原地区的旱灾频次最高，中部地区、黄河以北地区、西部浅山丘陵区以及南阳盆地旱灾频次较高，淮河干流以南地区旱灾频次相对较低，西部山区由于降水变率较小，气温较低，蒸发量小，因此干旱灾害发生较少。可见，清代河南旱灾的空间分布受地形影响显著。

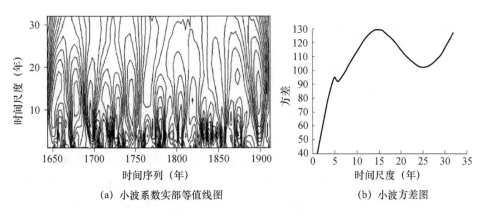

(a) 小波系数实部等值线图　　　　　(b) 小波方差图

图 6-17　清代河南旱灾小波分析

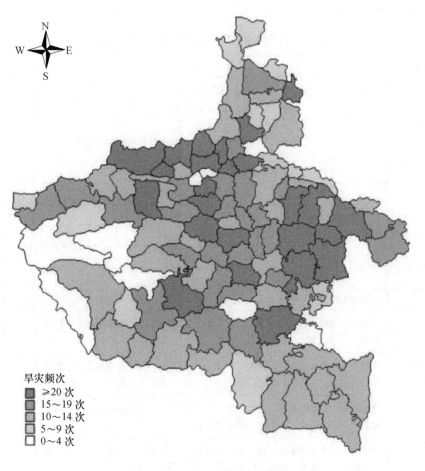

旱灾频次
- ≥20 次
- 15～19 次
- 10～14 次
- 5～9 次
- 0～4 次

图 6-18　清代河南旱灾频次空间分布图

6.3.3 水灾时空特征

6.3.3.1 时间变化特征

（1）频次与等级划分

通过对相关数据资料进行统计（数据来源与统计标准同旱灾）得出，在整个清代的 268 年中，河南共计出现水灾年 178 年，平均每 1.51 年就会出现一个水灾年。结合历史文献中关于清代河南水灾的记载，依据水灾的受灾面积、持续时间以及灾情状况三项标准进行加分量化（表 6-5），以此来划分水灾年的灾害等级。量化结果分为三个等级，其中，第一等级的分值为 3～6 分，划分为轻灾年；第二等级的分值为 7～11 分，划分为中灾年；第三等级的分值为 12～15 分，划分为重灾年。

表 6-5　清代河南水灾年等级加分量化计分标准

标准项	计分标准	分值
受灾面积	1～10 个州、县	1
	11～20 个州、县	2
	21～30 个州、县	3
	31～40 个州、县	4
	41 个及以上州、县	5
持续时间	1 个月以内或时间不详	1
	2～3 个月、一季	2
	4～6 个月、两季连发	3
	7～9 个月、三季连发	4
	10～12 个月、全年连发	5
灾情状况	文献中有记载多数灾区"水""淫雨弥月"等，无灾害后果记载	1
	文献中有记载多数灾区"水""淹禾""害稼"等，农作物歉收，灾情不严重	2
	文献中有记载多数灾区"大水""水溢城""毁民舍田禾""坏城"等，农作物受灾较重，无饥荒和赈灾记载	3
	文献中有记载多数灾区"衣食难为""坏城众多""人有溺死者"等，有人畜伤亡，出现饥荒，有赈灾抚恤记载	4
	文献中有记载多数灾区"特大水""人多溺死""殆尽""大饥"等，农作物基本绝收，人畜伤亡较多，饥荒严重，有赈灾和免租记录	5

根据以上标准对清代河南 178 个水灾年进行等级划分，其中轻灾年 51 次，

占 28.65％；中灾年 93 次，占 52.24％；重灾年 34 次，占 19.11％。根据水灾年的灾害等级建立清代河南水灾等级序列（图 6-19）。从图中得出，河南的水灾主要以轻灾年和中灾年为主。

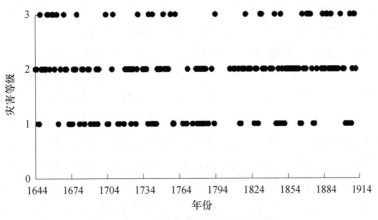

图 6-19　清代河南水灾等级序列图

（2）年际变化特征

以 10 年为单位，统计清代河南各时段水灾年出现的频次，每 10 年平均出现水灾年 6.64 次，将每 10 年水灾年实际出现的频次与每 10 年水灾年的平均频次作差值，得到水灾年频次的距平值（图 6-20）。从图中可见，清代河南水灾与旱灾同样具有高发期与低发期交替出现的波动性变化特征。1644—1663 年、1674—1683 年、1734—1753 年、1774—1783 年、1814—1833 年、1844—1873 年、1884—1911 年这 7 个时段的距平值均为正数，水灾年出现频次高于平均频次，属于水灾的高发期。其中，第一、第三、第五个时段持续 20 年；第二、第

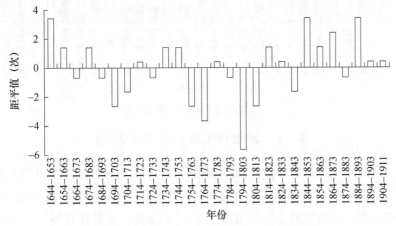

图 6-20　清代河南水灾年频次距平值变化图

四个时段持续 10 年；第六、第七个时段持续长达 30 年左右。1664—1673 年、1684—1713 年、1724 年—1733 年、1754—1773 年、1784—1813 年、1834—1843 年、1874—1883 年这 7 个时段的距平值均为负数，水灾年出现频次低于平均频次，是水灾的低发期。其中，第一、第三、第六和第七个时段持续 10 年，第二、第五个时段持续长达 30 年，第四个时段持续 20 年。

以 10 年为单位，统计各个时期不同灾害等级的水灾年频次，绘制清代河南水灾年灾害等级变化图（图 6-21）。从图中可见，清代河南水灾年的 7 个高发时段，1644—1663 年、1884—1911 年这 2 个时段以中灾年和重灾年为主；1674—1683、1734—1753 年、1774—1783 年、1814—1833 年、1844—1873 年这 5 个时段以轻灾年和中灾年为主。清代河南水灾年的 7 个低发时段，1664—1673 年、1684—1713 年、1724—1733 年、1754—1773 年、1784—1813 年、1874—1883 年这 6 个时段以轻灾年和中灾年为主；1834—1843 年以中灾年和重灾年为主。因此，1664—1673 年、1684—1713 年、1724—1733 年、1754—1773 年、1784—1813 年、1874—1883 年这 6 个时段为水灾的低发期且灾害等级较低；1644—1663 年、1884—1911 年这两个时段为水灾的高发期且灾害等级较高。

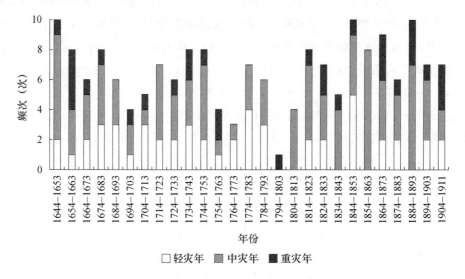

图 6-21 清代河南水灾年灾害等级变化图

清代河南水灾具有多年连续发生的特征。其中，两年连发共出现 7 次，三年连发共出现 8 次，四年连发共出现 5 次，七年连发出现 2 次，九年连发出现 3 次；五年连发、六年连发、八年连发、十一年连发、十二年连发、十六年连发各出现 1 次（表 6-6）。

表6-6　清代河南多年连发水灾纪年表

灾害类型	年　　份	频次（次）
两年连发	康熙四十七年（1708年）—康熙四十八年（1709年）	7
	康熙五十二年（1713年）—康熙五十三年（1714年）	
	乾隆三十五年（1770年）—乾隆三十六年（1771年）	
	乾隆五十八年（1793年）—乾隆五十九年（1794年）	
	嘉庆十四年（1809年）—嘉庆十五年（1810年）	
	嘉庆二十三年（1818年）—嘉庆二十四年（1819年）	
	光绪二十一年（1895年）—光绪二十二年（1896年）	
三年连发	康熙七年（1668年）—康熙九年（1670年）	8
	康熙二十二年（1683年）—康熙二十四年（1685年）	
	康熙二十七年（1688年）—康熙二十九年（1690年）	
	康熙三十四年（1695年）—康熙三十六年（1697年）	
	康熙四十二年（1703年）—康熙四十四年（1705年）	
	雍正六年（1728年）—雍正八年（1730年）	
	乾隆十六年（1751年）—乾隆十八年（1753年）	
	道光元年（1821年）—道光三年（1823年）	
四年连发	乾隆元年（1736年）—乾隆四年（1739年）	5
	嘉庆十八年（1813年）—嘉庆二十一年（1816年）	
	道光六年（1826年）—道光九年（1829年）	
	同治十二年（1873年）—光绪二年（1876年）	
	光绪二十六年（1900年）—光绪二十九年（1903年）	
五年连发	道光十一年（1831年）—道光十五年（1835年）	1
六年连发	顺治十五年（1658年）—康熙二年（1663年）	1
七年连发	乾隆六年（1741年）—乾隆十二年（1747年）	2
	光绪三十一年（1905年）—宣统三年（1911年）	
八年连发	康熙十一年（1672年）—康熙十八年（1679年）	1
九年连发	康熙五十七年（1718年）—雍正四年（1726年）	3
	乾隆四十三年（1778年）—乾隆五十一年（1786年）	
	同治二年（1863年）—同治十年（1871年）	
十一年连发	顺治元年（1644年）—顺治十一年（1654年）	1
十二年连发	光绪八年（1882年）—光绪十九年（1893年）	1
十六年连发	道光二十三年（1843年）—咸丰十一年（1858年）	1

（3）季节分布特征

清代河南 178 个水灾年中，有明确季节记载的共 161 次，将水灾年的总频次以及不同的灾害等级按季节变化表示在图 6-22 中。从图中可见，清代河南水灾主要集中发生在夏季、秋季。其中，夏季水灾频次最高，秋季次之，春季水灾频次较低，冬季发生水灾的频次最低，这主要是由于河南属于季风气候，因此，4—10 月都属于降雨的主要时间。整体来看，夏、秋两季是水灾的高发季节，且发生重灾的概率较高。

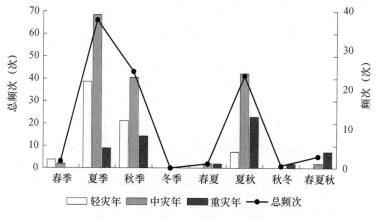

图 6-22　清代河南水灾季节分布图

（4）周期规律

将清代河南水灾年的时间和频次等数据利用 Morlet 小波进行处理分析，绘制小波系数实部等值线图及小波方差图（图 6-23）。由图 6-23（a）可知，清前期和清晚期水灾年小波系数实部值多为正数，周期信号明显，水灾年频次较高。由图 6-23（b）可知，小波方差在 2～3 年的时间尺度上存在 1 个峰值，表明清代河南水灾年在短时间尺度上存在 2～3 年的周期，在长时间尺度上周期规律不明显。

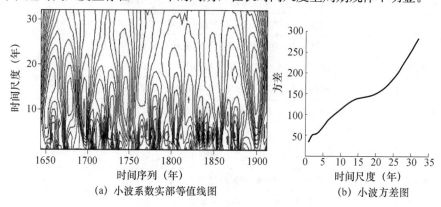

（a）小波系数实部等值线图　　　（b）小波方差图

图 6-23　清代河南水灾小波分析

6.3.3.2　空间分布特征

以乾隆四十八年（1783 年）河南政区图为底图，绘制清代河南水灾频次空间分布图（图 6-24）。整体来看，东部平原地区水灾发生频次最高，这是由于该区域河流分布较多，且河床浅平，地势平坦，降水量顺干流东下，汇水面积大，受到下游水的顶托作用，水流在该地区受阻积聚，因而容易发生雨涝。此外，黄河干流沿岸地区水灾发生最为频繁，这主要是由于黄河流入河南平原地区，坡度变缓，泥沙淤积，导致黄河发生多次决徙。"河南黄河险要之处，莫如怀庆府属之武陟县""河南黄河北岸，祥符、封邱交界一带素称险要"。清代黄河决徙对祥符、封丘一带影响严重，武陟县的水灾频次更是高达 70 次。淮河干流地区的水灾多于毗邻地区，这主要是由于淮河以南地区地势南高北低，降水汇流容易导致淮河河道漫溢，发生雨涝灾害。可见，清代河南水灾的空间分布特征受地形地势、地貌影响显著。

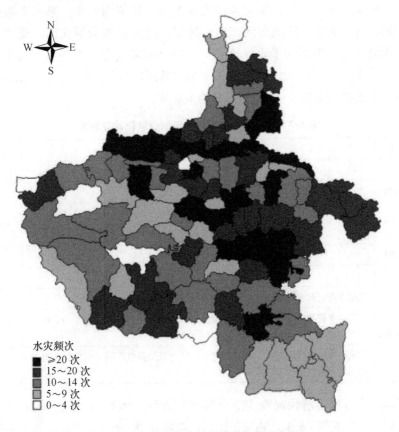

水灾频次
- ≥20 次
- 15~20 次
- 10~14 次
- 5~9 次
- 0~4 次

图 6-24　清代河南水灾频次空间分布图

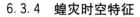

6.3.4　蝗灾时空特征

病虫害是影响农业生产的重要灾害之一，清代河南的病虫害灾害主要以蝗灾为主。蝗灾是指蝗虫吞食禾田，使农作物遭到破坏而造成粮食短缺的一种灾害，具有来势猛烈、发展迅速、危害严重的特点。"盖以其地寥廓荒凉，人迹罕至，平时忽而不察，及至鼓翼飞扬则有难于扑灭之势。"

6.3.4.1　时间变化特征

（1）频次与等级划分

通过对相关数据资料进行统计（数据来源与统计标准同旱灾、水灾），得出在整个清代的 268 年中，河南共计出现蝗灾年 133 年，平均每 2.02 年就会出现一个蝗灾年。依据蝗灾的受灾面积、持续时间以及灾情状况三项标准进行加分量化（表 6-7），以此来划分蝗灾年的灾害等级。从历史文献中关于清代河南蝗灾的记载可知，蝗灾与水、旱灾害相比发生的区域范围较小，基本上集中在少数几个州、县；灾害持续的时间相对也较短，因此在加分量化时，受灾面积和持续时间的计分标准不同于水、旱灾害。量化结果分为三个等级，其中，第一等级的分值为 3~4 分，划分为轻灾年；第二等级的分值为 5~7 分，划分为中灾年；第三等级的分值为 8~9 分，划分为重灾年。

表 6-7　清代河南蝗灾年等级加分量化计分标准

标准项	计分标准	分值
受灾面积	1~5 个州、县或地点不详	1
	6~10 个州、县	2
	11 个及以上州、县	3
持续时间	1 个月以内或时间不详	1
	2~3 个月、一季	2
	4~6 个月、两季连发	3
灾情状况	文献中有记载多数灾区"蝗"，无灾害后果记载	1
	文献中有记载多数灾区"飞蝗""蝗为灾""食禾"等，有迁飞能力，造成农作物减产成灾	2
	文献中有记载多数灾区"饥""人食树皮""米价昂贵"等，引发饥荒等社会问题，对民生生产生严重影响	3

根据以上标准对清代河南 133 个蝗灾年进行等级划分，其中轻灾年 35 个，占 26.32%；中灾年 68 个，占 51.13%；重灾年 30 个，占 22.55%。根据蝗灾年的灾害等级建立清代河南蝗灾等级序列（图 6-25）。从图中得出，河南的蝗灾年主要以轻灾年和中灾年为主。

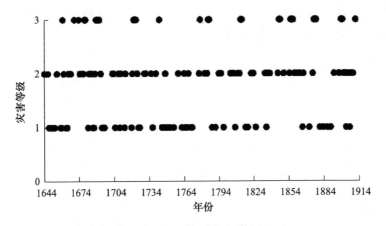

图 6-25　清代河南蝗灾等级序列图

（2）年际变化特征

以 10 年为单位，统计清代河南各时段蝗灾年出现的频次，并运用最小二乘法意义下的 6 次多项式绘制拟合曲线（图 6-26）。根据频次的变化，可以分为 3 个阶段。第一阶段为 1644—1693 年，共出现蝗灾年 35 年，平均每 1.43 年出现一次蝗灾年；第二阶段为 1694—1833 年，共出现蝗灾年 44 年，平均每 3.18 年出现一次蝗灾年；第三阶段为 1834—1911 年，共出现蝗灾年 54 年，平均每 1.44 年出现一次蝗灾年。

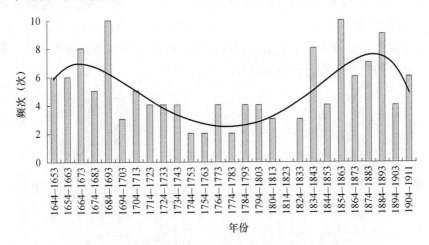

图 6-26　清代河南蝗灾年频次与 6 次多项式拟合曲线

清代河南每 10 年平均出现蝗灾年 4.96 次，将每 10 年蝗灾年实际出现的频次与每 10 年蝗灾年的平均频次作差值，得到蝗灾年频次的距平值（图 6-27）。从图中可见，第一阶段和第三阶段的距平值均以正数为主，蝗灾年出现频次高于平均频次，属于蝗灾的高发期。第二阶段距平值以负数为主，蝗灾年出现频次低于平均频次，是蝗灾的低发期。

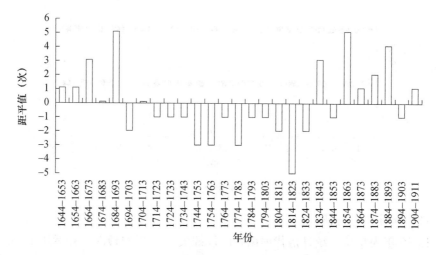

图 6-27　清代河南蝗灾年频次距平值变化图

以 10 年为单位，统计各个时期不同灾害等级的蝗灾年频次，绘制清代河南蝗灾年灾害等级变化图（图 6-28）。从图中可见，第一阶段出现轻灾年 8 次、中灾年 21 次、重灾年 6 次，以轻灾年和中灾年为主；第二阶段出现轻灾年 14 次、中灾年 22 次、重灾年 8 次，以轻灾年和中灾年为主；第三阶段出现轻灾年 12 次、中灾年 26 次、重灾年 16 次，以中灾年和重灾年为主。因此，第一阶段为蝗灾的高发期但灾害等级较低；第二阶段为蝗灾的低发期且灾害等级较低；第三阶段为蝗灾的高发期且灾害等级较高。

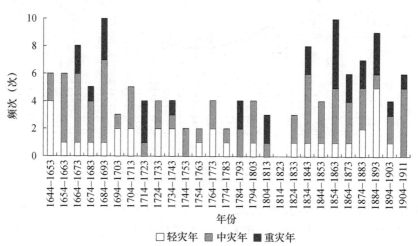

图 6-28　清代河南蝗灾年等级变化图

清代河南蝗灾具有多年连续发生的特征。其中，两年连发共出现 11 次，三年连发共出现 6 次，四年连发共出现 3 次，六年连发出现 5 次，五年连发、十年连发、十一年连发各出现 1 次（表 6-8）。这主要是由于炎热干旱的环境下，蝗虫会在土地里遗留有蝗种，如果来年不及时翻土掩盖，蝗种就会复发。康熙三十年（1691 年）康熙皇帝曾咨访蝗虫始生情状，"凡蝗虫未经生子而天气寒冻，则皆冻毙来岁可复无患，若既已生子天气始寒，虽蝗已冻毙而遗种在地来岁势必更生。"

表 6-8　清代河南多年连发蝗灾纪年表

灾害类型	年　份	频次（次）
两年连发	康熙四十六年（1707 年）—康熙四十八年（1708 年）	11
	雍正四年（1726 年）—雍正五年（1727 年）	
	雍正七年（1729 年）—雍正八年（1730 年）	
	乾隆十六年（1751 年）—乾隆十七年（1752 年）	
	乾隆二十三年（1758 年）—乾隆二十四年（1759 年）	
	乾隆四十七年（1782 年）—乾隆四十八年（1783 年）	
	道光五年（1825 年）—道光六年（1826 年）	
	道光二十七年（1847 年）—道光二十八年（1848 年）	
	咸丰元年（1851 年）—咸丰二年（1852 年）	
	同治五年（1866 年）—同治六年（1867 年）	
	光绪十一年（1885 年）—光绪十二年（1886 年）	
三年连发	康熙四十九年（1710 年）—康熙五十一年（1712 年）	6
	康熙六十年（1721 年）—雍正元年（1723 年）	
	乾隆三十五年（1770 年）—乾隆三十七年（1772 年）	
	乾隆五十年（1785 年）—乾隆五十二年（1787 年）	
	嘉庆七年（1802 年）—嘉庆九年（1804 年）	
	同治八年（1869 年）—同治十年（1871 年）	
四年连发	道光十五年（1835 年）—道光十八年（1838 年）	3
	道光二十年（1840 年）—道光二十三年（1843 年）	
	光绪二十五年（1899 年）—光绪二十八年（1902 年）	
五年连发	康熙十年（1671 年）—康熙十四年（1675 年）	1
六年连发	顺治二年（1645 年）—顺治七年（1650 年）	5
	顺治十三年（1656 年）—顺治十八年（1661 年）	
	康熙二年（1663 年）—康熙七年（1668 年）	
	同治十二年（1873 年）—光绪四年（1878 年）	
	光绪十四年（1888 年）—光绪十九年（1893 年）	

灾害类型	年　　份	频次/次
十年连发	光绪二十八年（1902年）—宣统三年（1911年）	1
十一年连发	咸丰四年（1854年）—同治三年（1864年）	1

自古就有"极旱而蝗、久旱必有蝗"的说法，对照清代河南蝗灾年与旱灾年可以发现，蝗灾往往和严重旱灾相伴而生。清代河南133个蝗灾年中，当年发生大旱的有42年，当年发生大旱且处于多年连旱的气候背景的有57年，共计99年，占总频次的74.44％。"旱蝗相接"这一现象的主要原因与蝗虫的习性有关。"古称蝗蝻生于水泽之中，乃鱼子变化而成者，是以江南淮扬之州县，地接湖滩，往往易受其害。盖蝗之所生，多因低洼之区，秋雨停集，生长小鱼，交春小鱼生子，水存则仍复为鱼。若值水涸日晒，入夏之后，即化为蝻，不待数日，便能生翅群飞。"干旱的环境有益于蝗虫的繁殖、生长和存活。蝗虫喜欢在炎热干旱的地带繁殖产卵，在干旱年份，地表水减少以及地面植被稀疏导致大片地表裸露，为蝗虫提供了大量适合产卵的地方；另一方面，干旱导致地面植物含水量减少，蝗虫以此为食物会使其生长能力和繁殖能力增强。此外，蝗虫趋水喜洼地，通常由干旱地方成群迁往低洼易涝的地方。因此，干旱的环境会引发蝗虫爆发性的迁徙，从而形成蝗灾。

（3）季节分布特征

清代河南133个蝗灾年中，有明确季节记载的共102次，将蝗灾年的总频次以及不同的灾害等级按季节变化表示在图6-29中（季节划分同水、旱灾害）。从图中可知，春季发生12次，占总频次的11.77％；夏季发生34次，占总频次的33.33％；秋季发生23次，占总频次的22.55％；春夏连发10次，占总频次的9.80％；夏秋发生共23次，占总频次的22.55％。由此可见，清代河南蝗灾具有明显的季节性特征，主要集中发生在夏、秋两季，春季蝗灾频次相对较低，冬季无蝗灾发生。这与蝗虫的生长周期有关，春季是蝗虫幼虫的生长期，夏、秋两季经过繁殖生长，蝗虫数量相对增多。

（4）周期规律

将清代河南蝗灾年的时间和频次等数据利用Morlet小波进行处理分析，绘制小波系数实部等值线图及小波方差图（图6-30）。由图6-30（a）可知，清代河南蝗灾在第一、第三阶段的小波系数实部值多为正数，信号明显，蝗灾频次较高；在第二阶段小波系数实部值多为负数，信号较弱，蝗灾频次较低。由图6-30（b）可知，小波方差在6～7年的时间尺度上存在1个明显的峰值，表明清代河南蝗灾在短时间尺度上存在6～7年的周期，在长时间尺度上周期规律不明显。

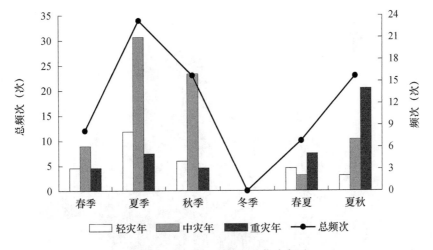

图 6-29 清代河南蝗灾季节分布图

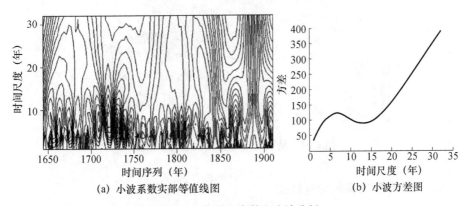

(a) 小波系数实部等值线图　　　　(b) 小波方差图

图 6-30 清代河南蝗灾小波分析

6.3.4.2 空间分布特征

以乾隆四十八年（1783 年）河南政区图为底图，绘制清代河南蝗灾频次空间分布图（图 6-31）。整体来看，中部、东部和南部地区的蝗灾频次较高。蝗灾频次较高的县域多位于黄河、淮河主要流经区，水系众多且分散，在干旱的枯水季节，水位下降导致大面积滩涂暴露，给蝗虫的生长提供了有利的环境。同时河流泛滥导致两岸存在大面积的沙化土地，土质干旱，土壤沙化，地表植被减少，蝗虫就喜欢在以细沙为主的河泛地区活动，这些区域通常称为"河泛蝗区"。西部山区由于多山地、丘陵，缺少适合蝗灾生存的条件，且高大的山脉会阻止蝗虫的迁飞扩散，平坦开阔的平原则给蝗虫迁飞提供有利条件，因此西部山区的蝗灾频次相对较低。可见，地貌条件对清代河南蝗灾的空间分布影响显著。

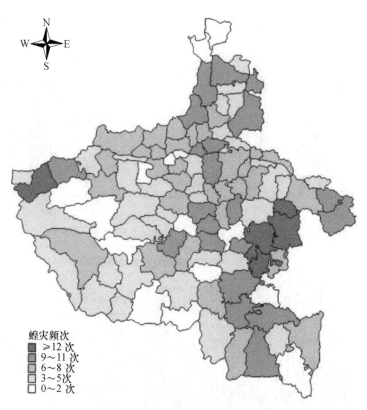

蝗灾频次
■ ≥12 次
■ 9～11 次
■ 6～8 次
□ 3～5 次
□ 0～2 次

图 6-31　清代河南蝗灾频次空间分布图

6.3.5　霜雪灾害的时空特征

6.3.5.1　时间变化特征

（1）频次与等级划分

通过对相关数据资料整理发现，文献中关于霜雪灾害的时间记载与旱灾、水灾、蝗灾相比更为详细。因此，制定新的统计标准如下：①文献资料中有记载一年之中发生多次霜雪灾害，由于时间记载较为详细，易于区分。因此，在统计时以次为单位。②同一时间相邻地点发生灾害，计灾害一次，不再累计。③不同时间同一地点发生灾害，分别统计。

经统计（数据来源同旱灾、水灾、蝗灾）得出，在整个清代的 268 年中，河南共计出现霜雪灾害 208 次，平均每 1.29 年就会出现一次霜雪灾害，其中霜冻灾害发生 77 次，雪灾发生 131 次。由于霜雪灾害以次为单位进行统计，因而灾害范围基本无太大差异。此外，霜雪灾害持续时间本身较短，因而也无太大差异。因此，在划分霜雪灾害的灾害等级时，主要依据文献中关于霜雪灾害的灾情记载，同时参考受灾范围和持续时间，具体分级标准见表6-9。

表6-9　清代河南霜雪灾害等级划分表

等级	分级依据	文献记载实例	次数
1级 轻度	文献中有记载"陨霜""霜""雪""大雪"等，无灾害后果记录	同治五年（1866年）卢氏四月陨霜；叶县十月朔日大雪	霜冻21次 雪灾42次 合计63次
2级 中度	文献中有记载"陨霜杀麦""伤麦""害稼""麦微收""雪压麦"等，对农作物造成较大影响	乾隆八年（1743年）灵宝四月陨霜杀麦。道光二十九年（1849年），灵宝八月十四日雨雪伤禾	霜冻46次 雪灾46次 合计92次
3级 重度	文献中有记载"岁大饥""河鱼冻死""飞鸟冻死""民鬻子女""行人有冻死者""米贵"等，对民生造成严重影响	嘉庆十八年（1813年），临颍十月十九日陨霜，荞麦尽伤，致使大饥，斗麦千文。乾隆十五年（1750年），杞县三月初六大雪，行人有冻死者	霜冻10次 雪灾43次 合计53次

根据清代河南霜雪灾害等级划分表可知，清代河南208次霜雪灾害中，轻灾63次，占30.29%；中灾92次，占44.23%；重灾53次，占25.48%。据此建立清代河南霜雪灾害等级序列（图6-32）。从图中可知，清代河南霜雪灾害主要以中度灾害为主。

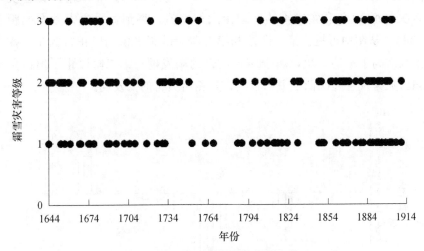

图6-32　清代河南霜雪灾害等级序列

（2）年际变化特征

以10年为单位，统计清代河南各时段霜雪灾害出现的频次，并运用最小二乘法意义下的6次多项式绘制拟合曲线（图6-33）。根据频次的变化，可以分为3个阶段。第一阶段为1644—1693年，共发生霜雪灾害58次，平均每年发生

1.16 次；第二阶段为 1694—1823 年，共发生霜雪灾害 59 次，平均每年发生 0.45 次；第三阶段为 1824—1911 年，共发生霜雪灾害 91 次，平均每年发生 1.01 次。

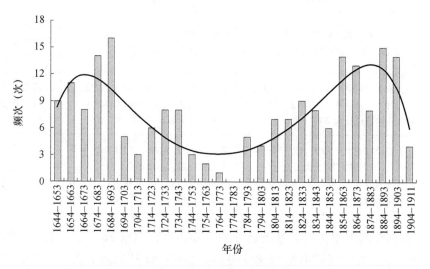

图 6-33 清代河南霜雪灾害频次与 6 次多项式拟合曲线

清代河南每 10 年平均发生霜雪灾害 7.76 次，将每 10 年霜雪灾害实际发生的频次与每 10 年霜雪灾害的平均频次作差值，得到霜雪灾害频次的距平值（图 6-34）。从图中可见，第一阶段和第三阶段的距平值均以正数为主，霜雪灾害发生频次高于平均频次，属于霜雪灾害的高发期；第二阶段距平值以负数为主，霜雪灾害发生频次低于平均频次，是霜雪灾害的低发期。

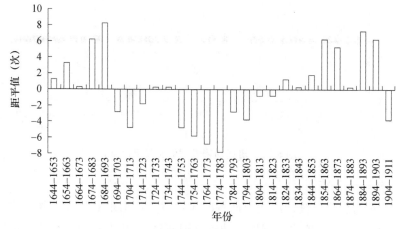

图 6-34 清代河南霜雪灾害频次距平值变化图

以 10 年为单位，统计各个时期不同等级的霜雪灾害频次，绘制清代河南霜雪灾害等级变化图（图 6-35）。从图中可见，第一阶段发生轻灾 15 次、中灾 26 次、重灾 17 次，以中度、重度灾害为主；第二阶段发生轻灾 21 次、中灾 25 次、重灾 13 次，以轻度、中度灾害为主；第三阶段发生轻灾 42 次、中灾 59 次、重灾 35 次，以轻度、中度灾害为主。因此，第一阶段为霜雪灾害的高发期且灾害等级较高；第二阶段为霜雪灾害的低发期且灾害等级较低；第三阶段为霜雪灾害的高发期但灾害等级较低。

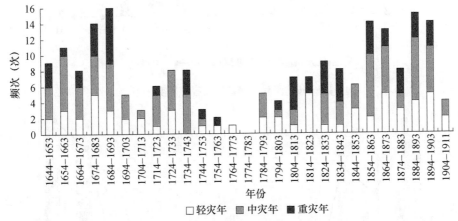

图 6-35 清代河南霜雪灾害等级变化图

（3）季节分布特征

清代河南 77 次霜冻灾害中，除 6 次（春季 5 次、秋季 1 次）仅有季节记载外，其余 71 次均有明确的月份（农历）记载，将霜冻灾害的总频次以及不同的灾害等级按月份（农历）统计，表示在图 6-36 中。从图中可知，清代河南霜冻灾害主要集中发生在春、秋两季。其中，春季共发生 40 次，占总频次的 51.95％；秋季共发生 37 次，占总频次的 48.05％。

清代河南 131 次雪灾中，除了 3 次（春季 1 次、冬季 2 次）仅有季节记载外，其余 128 次均有详细的月份记载。将雪灾的频次以及不同的灾害等级按月份（农历）统计，表示在图 6-37 中。从图中可知，清代河南一年的降雪周期很长，从农历八月持续到次年的农历三月，甚至农历四月、五月和六月也偶有降雪发生。雪灾主要集中发生在春、冬两季，秋季雪灾频次较低，主要集中发生在仲秋和季秋。其中，春季发生 38 次，占总频次的 29.01％；夏季发生 2 次，占总频次的 1.52％；秋季发生 14 次，占总频次的 10.69％；冬季发生 77 次，占总频次的 58.78％。结合图中各月雪灾的等级来看，春、冬两季是雪灾的高发期且灾害等级较高。

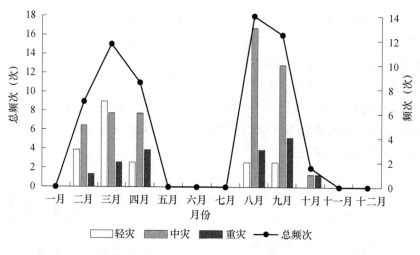

图 6-36　清代河南霜冻灾害月际变化图

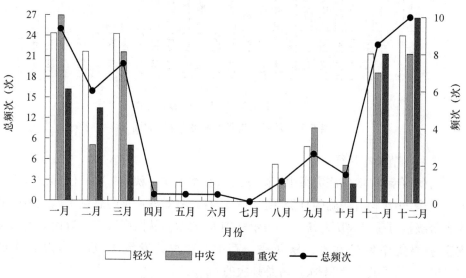

图 6-37　清代河南雪灾月际变化图

（4）周期规律

将清代河南霜雪灾害的时间和频次等数据利用 Morlet 小波进行处理分析，绘制小波系数实部等值线图及小波方差图（图 6-38）。由图 6-38（a）可知，清代河南霜雪灾害在第一、第三阶段的小波系数实部值多为正数，信号明显，灾害频次较高；在第二阶段的小波系数实部值多为负数，信号较弱，灾害频次较低。由图 6-38（b）可知，小波方差在 7～8 年的时间尺度上存在 1 个明显的峰值，表明清代河南霜雪灾害在短时间尺度上存在 7～8 年的周期，在长时间尺度上周期规律不明显。

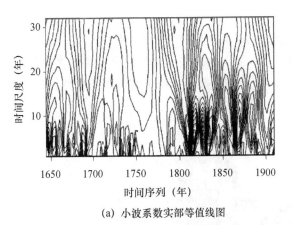 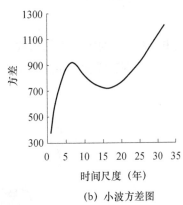

（a）小波系数实部等值线图　　　　　　（b）小波方差图

图 6-38　清代河南霜雪灾害小波分析

6.3.5.2　空间分布特征

以乾隆四十八年（1783 年）河南政区图为底图，绘制清代河南霜雪灾害频次空间分布图（图 6-39）。并依据公式（6-1）计算霜雪灾害的灾害指数来反映各县域霜雪灾害的程度，绘制清代河南霜雪灾害指数空间分布图（图 6-40）。

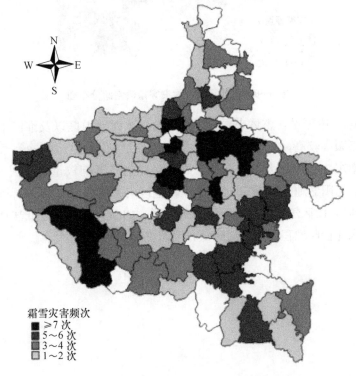

图 6-39　清代河南霜雪灾害频次空间分布图

计算公式如下：

$$I＝（D_1×1+D_2×2+D_3×3）/（D_1+D_2+D_3）\tag{6-1}$$

式中，I 代表霜雪灾害的指数，D_1、D_2、D_3 分别表示清代河南各县域发生轻度、中度、重度霜雪灾害的频次，1、2、3 分别是赋予三个灾害等级的权重。

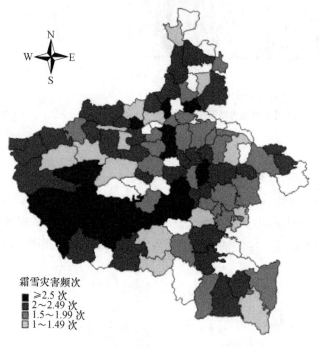

霜雪灾害频次
■ ≥2.5 次
■ 2～2.49 次
▨ 1.5～1.99 次
□ 1～1.49 次

图 6-40　清代河南霜雪灾害指数空间分布图

从图 6-39 中可见，整体来看偏中东部地区、西部山区以及淮河干流以南地区霜雪灾害频次较高，这主要是由于太行山、伏牛山起到阻挡冷空气南下的作用，而河南东北部无高大山脉阻挡，因此受冷空气影响较重。从图 6-40 可见，西部山区、南阳盆地及其东部的山地丘陵地区灾害指数较高，正所谓"雪打山梁，霜打洼"，山区气温较低，而闭塞的地形，如山谷、盆地、低洼地等容易使冷空气流入并在此堆积，使气温降低，因而灾害程度较高。

第7章　不同时代和气候背景下灾害的影响与应对

　　气象灾害是自然灾害中最为频繁而又严重的灾害。中国是世界上自然灾害发生十分频繁、灾害种类甚多，造成损失十分严重的少数国家之一。华北地区地处中纬度东亚季风气候区，受冬季风和夏季风进退异常和年际变化、地形地貌及生态环境的脆弱性等因素影响，自古以来，各类自然灾害发生频繁，且种类多、地域广、灾情重，对社会经济发展带来很大危害，给人们的生产、生活带来深重灾难。

　　霜雪低温灾害是气象灾害的主要表现，灾害的影响会造成严重的社会危害，主要表现为对农业生产、生态环境、人类活动等造成不利影响，严重的霜雪低温灾害会对人类的生命产生威胁，对经济财产造成损失。

　　霜冻是指春末和秋初农作物生长期间，由于冷空气入侵影响，日最低气温下降使土壤表面、植物表面（植株茎、叶）的温度急剧下降到 0 ℃以下，使正在生长发育的植物受到冻伤，从而导致减产、品质下降或绝收。

　　雪灾是指强降雪天气，降雪量较大，伴有大风、降温，使农作物、蔬菜、果木等遭受冻害，下雪时因能见度减小和积雪覆盖地面影响交通，积雪压断树枝和电力、电信等线路，积雪覆盖草原（草场）造成牲畜缺少食料或被冻死、冻伤。因此，只有当大雪、降温天气造成危害或严重不利影响时，才称为雪灾。雪灾的形成是一个复杂的过程，是大降雪、持续低温和积雪叠加后的自然灾害。白灾是我国牧区常发生的一种畜牧气象灾害，对华北地区而言主要发生在内蒙古。是由冬季降雪过多，积雪过厚，雪层维持时间过长引起的。从头年的 10 月到第二年的 4 月，都是我国北部和西部牧区白灾的高发期。每当发生白灾时，积雪掩盖了牧草，牲畜无法觅食，在饥饿和寒冷的双重折磨下，牲畜开始掉膘，体质变弱，严重时会造成大量牲畜死亡。从表面看，白灾就是雪灾，但实际上它却是一种因为牲畜无法觅食而形成的饿灾。

　　低温是影响植物生长、发育及其地理分布的重要环境限制因素之一，是对我国农牧业生产有重大影响的主要灾害之一。它是指由于寒潮或强冷空气侵袭，出现连续阴雨、降雪、大风、降温等天气过程，使农作物、蔬菜、果树等遭受危害，对畜牧业生产造成严重影响，甚至人畜被冻死、冻伤，并因冰雪天气引发交通安全事故等灾害，给工农业生产、交通运输和人民生活带来严重的不利影响和损坏。

7.1 明清小冰期灾害的影响与应对

7.1.1 对粮食安全的影响

霜冻、雪灾、低温都属于农业气象灾害，对农业生产危害极大，特别是对华北地区冬小麦的生产。冬小麦是华北地区最主要的粮食作物，其生长期经历一年四季的气候变化，降水量的大小、频率，气温的变化，直接影响到水热资源的时空分配。宋应星在《天工开物》中描述"凡北方小麦，历四时之气，自秋播种，明年初夏方收"；播种之后，经历各种自然灾害，"雪、霜、晴、潦皆非所计""江北蝗生，则大禳之岁也"，经受大雪、霜冻、干旱、洪涝灾害且不说，加上蝗虫灾害，小麦将遭受灭顶之灾，百姓也将面临灾荒之年。宋应星在文章中表达了风调雨顺的愿望，"北土中春再沐雨水一升，则秀华成嘉粒矣"，如果小麦返青拔节的仲春（3—4月，此时正值华北地区春旱之际）时节有一场及时雨；"倘成熟之时晴干旬日，则仓廪皆盈，不可胜食"，成熟季节（5—6月，此时正值华北地区进入雨季之时）天气晴朗干燥，小麦才可能获得丰收。

华北地区的气象灾害具有群发性和连锁反应的特点，容易形成灾害链。危害粮食生产的自然灾害主要是旱、涝、霜、雪、低温、虫（蝗）灾害等。根据文献记载，粮食受灾的情形有"虫，食麦苗尽；蝗，食稻叶尽，穗落""麦苗枯；二麦歉收；二麦少收；阴霜杀麦；夏麦减半；麦半打伤；无麦；禾麦一空；二麦土平""伤禾；杀禾稼；无禾；淹没田禾；秋禾未成；禾不登"。虽然洪涝灾害对粮食生产的危害也很严重，"菏泽，麦粟淹没"，但从文献记载的很多资料来分析，在发生"大水年"的当年或次年，粮食却"大稔"，成为"大有年"。因此，对华北地区这样一个"十年九旱"的区域而言，干旱发生的频次和危害是最大的。

干旱造成粮食生产的水分缺失，是粮食安全生产的首要灾害。例如，万历到崇祯年间（1573—1643年）华北地区特大旱灾的发生具有区域一致性，山西、河南、陕西灾情最重，北直隶和山东灾情次之。旱灾发生时，首先对粮食的播种、收成造成严重影响，"谷豆全伤，谷华不实；禾稼枯竭，二麦就槁；麦枯，间有麦粒变成如麻子类者，亩田止获秕粟仅斗"。旱情加重无法下种，"赤地千里，五谷未种，野无青草"。没有播种，也就没有收成，"菽粟不登，麦不收"。旱灾的发生，都是从地处黄土高原的山西、陕西开始，从"去冬无雪，自正月至六月不雨，秋复旱"的记载中可知，不仅一年四季冬、春、夏、秋连旱，甚至出现"连岁干旱"。如此严重的旱情，对整个黄河中下游流域的水循环产生深远影响，河流、湖泊、井泉干涸，如山西漳水、汾水、浍水、沁水、河水竭；解池旱涸，盐花不生；河北白洋淀、白崖湖、龙泉、范泉干涸；山东临清运河干涸。华北地区正常的水循环过程被破坏，粮食作物播种期、生长期的水分补给严重不足，导致粮食歉收、减产、甚至绝收。连年的旱情还可能影响第二年的墒情，进一步加重粮食生产危机。旱灾发生之时，霜冻、低温、雪灾等灾害也同时或相继发生，对粮食生产来说是双重打击，进一步加重了粮食的歉收，甚至绝收。霜冻、低温、雪灾这 3 种灾害使华北各地深受其害，特别是春秋两季。例如，山西临猗、长治秋阴霜杀稼，平阳诸县，春阴霜杀禾、伤麦豆；陕西户县、周至、白水，霜杀秋禾；山东冠县、茌平，秋八月阴霜杀荞与菽，麦豆皆枯；河南尉氏，三月，阴霜杀麦及桑。

　　危害华北地区粮食作物的虫害有蚄蚋、螟虫、蝱、蝗虫等，其中尤以蝗虫危害最大。文献中记载的蝗虫灾害包括蝻、蟓（幼虫）、螣、蟊、蝗（成虫），主要是东亚飞蝗。蝗灾与水、旱灾害并列为引起人类饥荒的三大灾害，居首位。徐光启认为，"凶饥之因有三：曰水、曰旱、曰蝗。地有高卑，雨泽有偏，被水旱为灾，尚多幸免之处，惟旱极而蝗，数千里间草木皆尽，或牛马幡帜皆尽，其害尤惨过于水旱者也"。他还指出蝗灾与旱灾关系密切，"故涸泽者，蝗之本原也"。干旱造成河流、湖泊干涸，裸露的河床、湖岸为蝗虫提供了适宜的生存条件，是蝗灾形成的根本原因所在。因此"欲除蝗，图之此其地矣"。青草、禾苗是蝗虫的主要食物，华北地区粮食作物的生长季节与东亚飞蝗的繁殖季节具有时空一致性。北京、天津、河北、陕西、山西、山东、河南均有分布，核心区是河北、山东、河南，是蝗虫灾害的重灾区。1573—1643 年华北连年大旱，也是蝗灾危害最严重的时段。"山西榆次，蝗虫布满，食禾有声；霍县，蝗食禾如扫；绛县，飞蝗蔽日，食苗及穗。河北大蝗，食禾殆尽；安新，蝗蝻遍野，食谷。山东飞蝗蔽日；临邑，蝗入境；淄博，蝗虫食谷。天津宝坻，飞蝗蔽日。陕西铜川，春，蝗蝻食禾；安塞境内飞蝗蔽野。河南全省大蝗，声如风雨，啮衣毁器，所至草木皆空；秋，蝗蝻害禾稼。畿内大蝗，食苗殆尽"。大旱与大蝗交替或同时发生，使 1573—1643 年的粮食危机不断加深，大荒随之而来。

　　华北地区地处农牧交错地带，是老鼠主要的生活栖息地。大旱之年，食物匮乏，老鼠成群结队迁徙，不仅对沿途的粮食作物造成灭顶之灾，而且由于自身携带的细菌、病毒，鼠疫成为人类瘟疫发生的源头。老鼠不仅食禾，而且食人畜。人也因为饥荒，不仅挖老鼠洞取粮食，而且以老鼠为食。"山东高唐，有鼠千百成群，食禾立尽。河南西华，冬十月，鼠过，猫见则走而避之，时方大饥，穷民皆以鼠为粮；河南硕鼠数十成群，人间有食之者。陕西凤翔，大鼠成群，食牛，入人家食婴儿，见骨"。

综上所述，万历到崇祯年间（1573—1643 年），干旱、低温、霜冻、大雪、蝗灾、鼠灾等自然灾害相伴而生，以旱灾为主线，旱灾、霜冻、低温、大雪、蝗灾、鼠灾、饥荒、瘟疫等灾害累积叠加在一起，形成灾害链，成为严重的气候异常事件，导致粮食绝收，粮食安全的链条断裂。

7.1.2 对人口的影响

霜雪低温灾害会导致粮食歉收、绝收，导致食物和水资源短缺，饥荒开始漫延，多地甚至发生"人相食"的惨剧。生存的危机使得人们饥不择食，树皮、草根、草子、白土、蝗虫、老鼠等都成为果腹的东西。"蝗蝻遍山野，涌入庐舍，……饥民设釜炊之，以食枵腹""硕鼠数十成群，人间有食之者；西华，冬十月，时方大饥，穷民皆以鼠为粮"。

人食鼠→鼠食人→人食人，为鼠疫的流行和泛滥提供了传播的源头和路径；老鼠迁徙→人群大量逃荒，使疫情传播的范围、危害的区域和程度，进一步加剧，造成华北地区大规模的鼠疫爆发，"瘟疫盛行，俗称大头风。大头瘟疫盛行，十死八九，吊哭即染。肿项，人见病及哭者即死"。山西、河北等地最为严重，"河北全境，大疫，患大头瘟，死者枕藉；定州、隆尧等地，春秋大疫，死亡甚重。山西大同瘟疫大作，十室九病，全省大疫；太原、潞安等多地，大疫，人死大半，有举家毙绝者，吊送者绝迹"。除鼠疫外，还有因霍乱病毒引起的水源污染，导致痢疾发生，1630 年"内乡，夏秋，虐痢盛行，死者甚多"。

1637—1643 年，华北地区发生的"崇祯大旱"是明代发生的最严重的极端气候事件，造成粮食危机引发了大饥荒，瘟疫流行，造成人口大幅度减少。万历年间（1573—1620 年）华北地区人口损失 700 万；崇祯年间（1630—1643 年）华北地区人口损失了 2023 万，几乎损失了 1/3。1643 年，华北多地由于人口锐减，农业人口流失严重，甚至出现了粮食成熟而无人收割的局面。"河北大名，夏，麦大熟，萎弃在野，无收刈者。山西临猗，夏麦虽登，无人收获。山东，夏麦大熟，萎弃在野，不尽收割。河南新郑、兰考，五月，麦虽熟，惜收获无人，四月朔，流寇破城，生民又渡河南逃，家家板荡，安问麦哉；多地麦大有，收刈无人，弃于地，楚黄流民咸来就食"。

1875—1878 年，华北地区发生的"丁戊奇荒"，仅山东、山西、直隶、河南、陕西北方 5 省遭受旱灾的州县分别为 222 个、402 个和 331 个，共 955 个。而整个灾区受到旱灾及饥荒严重影响的居民人数，估计在 1.6 亿~2 亿人，约占当时全国人口的一半；直接死于饥荒和瘟疫的人数在 1000 万左右，从重灾区逃亡在外的灾民不少于 2000 万人。华北地区（包括山西、陕西、河南、直隶、山东 5 省）的人口约减少 2290 万，其中灾情最严重的山西，人口减少了近 818 万，约占灾前人口总数的 47.7%；河南人口损失 748 万，占灾前人口总数的 22.2%；直隶大灾期间人口减少 288 万，约占当时人口数量的 10%；山东人口减少约为 194.9 万，占当时人口数量的 5%；陕西人口损失约 240 万。

7.1.3　对社会经济的影响

霜雪低温灾害对华北地区的社会经济和人民生产生活产生巨大而深刻的影响，对农业生产活动产生不利的影响是其主要危害。尤其在明、清时期，以小农经济为基础的封建社会，这一点最为突出。综合分析，极端气候事件的影响驱动使自然－经济－社会生态系统呈现出气候异常→自然灾害→生态系统紊乱→粮食匮乏→粮食供给链条断裂→粮价飞涨→饥荒→瘟疫→人口异动→社会动荡的响应过程，明清时期甚至诱发社会动荡。

例如，明代金、银和铜钱的比价与粮食密切相关，货币与粮食兑换比率不是固定不变的。1375—1413 年，官定粮价从 100 文/斗上涨到 250 文/斗。粮食价格的起伏波动直接反映出粮食供给与需求之间的变化，是粮食安全的晴雨表，货币的供给量远远高于粮食的供给量，粮食通胀在慢慢积累之中。崇祯年间（1630—1643 年）田赋连年递增，粮饷、军饷和官俸也以银两钱钞发放，造成货币大量发行，货币与粮食供给失衡，通货膨胀严重。1637—1643 年华北各地粮食价格持续不断上涨且高得离谱（1640 年河南洛宁粮价为 20 两/斗；1643 年河南新郑荞麦种 6000 文/斗，为明代历史最高值），年内、年际变化剧烈，出现恶性通货膨胀，给社会经济系统带来了灾难性的影响。"宝坻市间薪粒俱绝；汲县、辉县，人攫食于市；鸡泽市粮绝；襄汾城中罢市；新绛市绝粒米。"人们生存的基本保障没有了，"人相食"的悲剧不断上演，"至有父子、夫妇、兄弟相食者"；贩卖人口的事件同样层出不穷，"潍坊妇女南贩以万计"。治安状况日益恶化，"遍地盗起，号曰'打粮'，肆其抢掠，讫无官法矣"；社会危机进一步加深，"自崇祯元年（1628 年）起，盗因荒起，荒以盗甚。此全秦兵荒尤甚之灾状也"。粮食安全危机进一步诱发了深层次的社会危机。粮价飞涨，市场倒闭，粮食安全体系崩塌，严重的通货膨胀成为压垮粮食安全链条的最后稻草，自然－经济－社会生态系统发生质变成为历史必然。

7.1.4　官府与民间应对

对于饥荒，明清时期官府最初也能积极应对。大多采用蠲免赋役、开仓发银、从其他省份调运粮食赈济的务实办法。朱元璋制定了严格的赈灾制度，"至若赋税蠲免，有恩蠲，有灾蠲。……凡岁灾，尽蠲二税，且贷以米，甚者赐米布若钞。又设预备仓，令老人运钞易米以储粟"。但是，明代官府赈灾减免田赋不是全免，而是根据灾情酌情减免，"免田租十之三""免当年夏秋粮各十分之三""免钱粮之半""免夏麦一半""蠲夏麦之半""诏蠲夏税十分之七""诏免夏税十之七""秋粮全免""夏税免""一体豁免"。对于逃荒的流民，同样给予赈济或异地安置。"十二月戊子，赈京师就食流民""蒙阴，大饥，蒙民多死，就食河南者数千家"。

清代的上谕档记载，光绪二年（1876 年）十二月初九日（1 月 22 日）折："山西、太原等府本年夏间亢旱，秋禾收成欠薄，而汾州府属之介休县、平遥县尤甚，将应征光绪三年春季粮米等项缓至秋后丰收起征，仍减免一切差徭。"光绪三年（1877 年）五月十九日（6 月 29 日）折："山西省上年（1876 年）秋稼未登，春夏复亢旱，秋苗未能播种，各属自开仓放赈饥民就食者多。"1877 年八月的上谕称"山西亢旱被灾甚重，河南亦被旱灾……所有此次备赈银四十万两，著以七成拨归山西，三成拨归河南"，又据山西官员光绪三年（1877 年）十一月初八奏报"晋省被旱成灾已有七十六厅州县……因日久无雨而禾苗日就枯槁，又令改种荞麦杂粮……无如自夏徂秋各属禀报，每遇阴云密布为大风吹散，或仅得微雨，或一、二寸不等，天干地燥烈日如焚。补种荞麦杂粮出土后仍复黄萎，收成触望"。

以官府表彰的形式，号召民间富商救助。《明英宗实录》载："正统二年（1437 年）五月戊午，旌表义民十人：胡有初、谢子宽，吉安府人；范孔孙，浮梁县人；于敏，榆次县人；巩得海，邠州人；张雷，石州人；梁辟、李成、俞胜、徐成，俱淮安人。人各出稻千石有奇，佐官赈济，诏赐玺书旌劳，复其家。"明英宗正统五年（1440 年）正月，行在翰林院修撰邵弘誉上疏言："直隶大名、真定等府水涝，人民缺食。朝廷虽已遣官赈济，然所储有限，仰食无穷。先蒙诏许南方民出谷一千石赈济者，旌为义民。其北方民鲜有贮积，乞令出谷五百石者，一体旌异优免。"

同时也采用务虚的方法，比如祈雨、祈祷之法。光绪四年（1878 年）四月初九日（5 月 10 日）折："上年（1877 年）山西、河南、陕西等省亢旱成灾，冬雪亦未深透，虽叠次设坛虔祷，尚未渥沛甘霖……"对于瘟疫，"大同人皆佩符，夜放鞭炮达曙避禳，军门刻药方遍布郡邑"。对于蝗灾，"官以斗粟易斗蝗"。在饥荒发生之初，官府采取以上的措施和方法，一定程度上缓减了灾情，稳定了民心。

但是粮食减产的比重与田赋减免的比例并不是相对应的，实际的受灾情形可能相较于减免的比例更严重。严重的灾情使粮食生产难以恢复，粮食安全的供应链被掐断；加上粮仓、国库空虚，没有足够的粮食储备，来应对更大范围、更大规模且连续不断、持续时间较长的灾害，官府没有能力组织行之有效的赈灾救济的应对之策。

除了官府的应对措施，民间也积极自发地进行应对。《西安碑林荒岁歌碑》记："光绪三年（1877 年）亢旱甚宽，山陕河南唯韩尤艰；天降甘霖雨，先年八月间；直旱得泉枯河瘦井底干；天色大变、人心不安；处处祷雨，人人呼天。"一些富商出钱粮，赈济饥民，例如，"河北王金出谷一千石赈之"。

百姓自发生产自救，"谷糜三种三食"，但"仅播种而不秀，秀而不实"。加上种子价格暴涨，"黑黍种一升卖至五分"、"荞麦种一斗价银四两"。无法播种，自然不会有收成，"易县无麦，咸阳秋苗未播，鹿邑无禾"。粮食短缺，导致饥荒。百姓饥不择食，树皮、草根、草子、白土、蝗虫、老鼠等都成为果腹的东西。"蝗螟遍山野，涌入庐舍，……饥民设釜炊之，以食枵腹"，"硕鼠数十成群，人间有食之者；西华，冬十月，时方大饥，穷民皆以鼠为粮"。

7.2　近百年来灾害的影响与应对

7.2.1　近百年来气候变暖对初、终霜日的影响

全球变暖已成为全人类普遍关注的焦点问题之一，IPCC 第五次评估报告（2014）指出，2017 年，全球平均地表温度比 1981 年至 2010 年的平均值偏高 0.46 ℃，高出工业化前约 1.1 ℃，成为有完整气象记录以来最暖的非厄尔尼诺年份。2019 年，全球平均温度较工业化前高出约 1.1 ℃，是有完整气象观测记录以来的第二暖年份，过去五年（2015—2019 年）是有完整气象观测记录以来最暖的五个年份；20 世纪 80 年代以来，每个连续十年都比前一个十年更暖。2019 年，亚洲陆地表面平均气温比常年值（本报告使用 1981—2010 年气候基准期）偏高 0.87 ℃，是 20 世纪初以来的第二高值。

中国是全球气候变化的敏感区和影响显著区，气候变暖趋势与全球一致。2018 年发布的《中国气候变化蓝皮书》显示，1901 年至 2017 年间，中国地表年平均气温上升了 1.21 ℃，且监测表明，近 20 年是 20 世纪以来最暖的时期。其中，中国各区域的年平均气温都呈上升趋势，北方增暖幅度大于南方，冬季增暖幅度大于其他季节。1951—2019 年，中国年平均气温每 10 年升高 0.24 ℃，升温速率明显高于同期全球平均水平。20 世纪 90 年代中期以来，中国极端高温事件明显增多。

气候变暖对农业气候资源、农业生态环境和农业气象灾害都有比较明显的

影响，对寒潮、霜冻、雪灾和低温灾害的发生也有一定影响。

在全球变暖的气候背景下，极端温度变化特征的区域性和季节性存在差异，霜冻的一些气候特征也会发生变化。近50年来，初、终霜冻日期及无霜冻期长度的极差和标准差均表现出北方地区比南方地区小，说明无论初、终霜冻日出现时间，还是无霜冻期长度年际间变化，北方地区均比南方地区稳定。所以，在充分利用气候资源的同时，也要注意预防极端霜冻的影响，特别是南方地区。全国平均终霜冻日期以 2.0 d/10 a 的气候倾向率提早，初霜冻日期以 1.3 d/10 a 的气候倾向率推迟，终霜冻日期提早幅度比初霜冻日期推迟幅度大；无霜冻期以 3.4 d/10 a 的气候倾向率延长。从年代际变化来看，初霜冻日期 20 世纪 90 年代开始明显推迟，终霜冻日期 20 世纪 80 年代开始明显提早，无霜冻期也是从 20 世纪 80 年代开始明显延长。

华北地区的物候，春季有明显提早来临的趋势。1963—1996 年，华北地区物候春季开始日期提前 2.7 d/10 a，34 a 共提前 9 d；结束日期提前 1.2 d/10 a，34 a 共提前 4 d。华北地区春季起止日期虽均提前，但开始日期提前的幅度更大，因而华北地区物候春季长度在 1963—1996 年延长 5 d。北京物候春季的起始日期在 1963—2005 年提前了 2.7 d/10 a，与华北地区平均状况相当，但结束日期的提前幅度较华北地区平均更为显著，达 2.3 d/10 a，1963—2005 年共提前了 10 d，因而北京物候春季长度无明显变化。相关分析还表明：近 40 a 华北地 1—3 月及 4 月的平均气温大幅度升高是导致这一地区物候春季起止日期提前的主要原因。其中华北地区 1963—1996 年 1—3 月及 4 月的平均气温分别上升了 2.3 ℃与 1.7 ℃；北京 1963—2003 年 1—3 月及 4 月的平均气温分别上升了 3.5 ℃与 2.6 ℃，增温速率高于华北地区 7 个站点的平均值，这可能是北京城市化的热岛效应引起的。华北地区和北京物候春季起止日期的年际波动呈显著相关。统计分析表明多数物候春季开始日期提前的年份，春季结束日期也同步提前；反之亦然。但值得注意的是少数年份物候春季起止日期波动明显不同步，其中华北地区和北京分别约有 19% 和 12% 的年份开始日期提前、结束日期推迟，春季长度明显延长；而另约 13% 和 15% 的年份则开始日期推迟、结束日期提前，春季长度明显缩短。

华北地区初、终霜冻日期的变化趋势根据地理纬度、地形地貌大体可分为三种类型：①华北偏北部型；②偏南部平原型；③山西高原型。在同一类型区域内，初（终）霜冻变化大致相同。华北地区整体初霜冻呈推迟趋势，而终霜冻则呈提早趋势。这种变化特点应该与中高纬度地区气候变暖有关，致使无霜期变长。近 50 年来，华北地区特早初霜发生频率呈现两高两低空间分布特点。一个高频发生地在内蒙古中东部，其频率一般在 4.0%～10.3%，最高频率为锡林郭勒盟的那仁宝力格，达 10.3%；另一个高频地在京、津、唐及河北省中南部至河南偏北部一带，发生频率一般在 4.0%~6.1%，其中河北省沧州和河南省新乡频率最高，约为 6.1%。较低发生频率呈东北—西南走向，大体从内蒙古林东地区至河北张家口、内蒙古集宁、山西太原到山西介休等地的黄土高原一带，频率一般只有 2.0%~4.0%；另一个较少地带位于山东及山东与江苏偏北部交界一带，频率一般为 2.7%~5.0%，其中胶东半岛的莱阳站最少，为 2.7%。

华北地区偏早初霜冻发生频率分布：原为特早初霜冻出现频率较低的地区，则是偏早初霜冻较高频率发生之地带，而原为特早初霜冻发生频率较高的地带，则是偏早初霜冻发生频率增大相对较小的地区。如太行山及其西部黄土高原和山东半岛一带偏早初霜冻频率比特早初霜冻频率增加较大，前者一般可达 15.0%~23.0%，后者也在 10.0%~19.0%，均比特早初霜冻高出 4~7 倍，但河北省偏早初霜冻相对而言递增率不大，一般只有 5.0%~10.0%。之所以会出现这种不同地区之间的差异，这主要是各地霜冻密度分布不同，它可能受冷空气影响路径、强度、地理地形及前期的地温条件有关。

华北地区特晚和偏晚终霜冻发生频率分布：华北地区特晚终霜冻发生频率较高的，主要有三个地区：一个是华北北部地带，一般为 6.0%~8.0%；另一个为河北省和河南偏北部地带，一般为 5.0%~8.0%，其中，河北石家庄和河南安阳最高，分别为 8.6%和 8.3%；再者是山东半岛东部亦较高，发生频率为 4.0%~9.1%。华北地区特晚终霜冻发生频率较低之地区，主要在山西高原和内蒙古中部一带，一般仅为 2.0%~4.0%。另外，山东的中西部亦较低，大多在 2.0%~5.0%。

华北地区出现的偏晚终霜冻发生频率分布：华北地区偏晚终霜冻发生频率要比特晚终霜冻高 2~5 倍，尤其是山西等黄土高原一带，其发生频率大多在 12.0%~25.0%。但在华北的偏北部，即从内蒙古二连浩特至河北承德以北略为偏低，大多为 6.0%~10.0%，河北平原和山东半岛等地一般在 8.0%~20.0%。

华北地区初霜冻平均持续时间大多为 2~3 d，超过 3 d 以上多出现在华北偏北部。例如，内蒙古的鲁北、锡林浩特、多伦、海流图等地，平均持续时间最长，约有 4 d。但终霜冻平均持续时间比初霜冻短，一般只有 1~2 d，最长也只有 3 d 左右，例如，河北承德为 3.0 d，内蒙古的海流图为 3.6 d。各地初、终霜冻持续时间标准差，从总体上来说，初霜冻的数值要比终霜冻大。初霜冻一般大于 1.0 d，终霜冻大多小于 1.0 d，可见初霜冻持续时间强度变化要比终霜冻显著。

华北地区出现异常的初、终霜冻，其平均持续时间一般在 1~3 d。但就初、终霜冻二者比较而言，初霜冻要比终霜冻偏长，其持续时间一般为 1.0～3.4 d，而终霜冻偏短，为 1.0～1.3 d。就地区而言，其平均持续时间也有差异。大体说来，初霜冻以华北北部和西北部偏多偏长，东南部偏少偏短。北部和西北部持续时间超过 2 d 以上的地区有 10 个站：多伦、二连浩特、那仁宝力格、林东、张家口、东胜、大同、离石、太原、介休；而东南部地区则只有 3 个站：石家庄、济南和天津。

华北地区初霜出现、终霜结束以及无霜期的长短与地理因素密切相关。初霜日、无霜期与地理因子呈现负相关，终霜日与地理因子呈现正相关，即随着纬度增加、海拔高度抬升，初霜日逐渐提前、终霜日推后、无霜期缩短；从影响程度而言，纬度和海拔高度的影响大于经度的影响，纬度和海拔高度的差异引起各地初、终霜日和无霜期的差异。

7.2.2 全球气候变暖背景下的极端寒冷气候事件及其应对

在气候变暖背景下，1961—2015 年中国年区域性寒潮及强冷空气过程频次变化统计，年寒潮过程频次呈明显减少趋势，减少速率为 0.4 次/10 a。同时，年强冷空气频次也呈微弱减少趋势。明明数据显示寒潮减少了，为何冬天还是那么冷？为什么霜冻、雪灾、低温冻害仍然会频繁出现？

近年来，全球也频发多个极端寒冷事件案例。例如，2008 年，我国南方大范围低温、雨雪、冰冻灾害天气就与频繁而强烈的冷空气活动有关。2009 年初，低温、暴风雪席卷北美和欧洲大部，多地出现严寒天气；2009 年 11 月，中国北方遭遇 60 年一遇的暴雪。2012 年 1 月，乌克兰、日本、韩国、中国等欧亚多国遭遇极寒天气，出现严寒暴雪，仅波兰就冻死 30 余人。2015 年 11 月 21 日至 27 日，中国北方地区出现大范围降温天气，河北保定、山东济南等 113 个监测站的最低气温跌破 1961 年以来 11 月最低气温记录。

2016 年 1 月 22 日至 24 日 8 时，中央气象台发布寒潮橙色预警，数据显示，受强冷空气过程影响，全国已有 346 个气象站发生极端低温事件，覆盖我国大部地区，涉及北京、内蒙古等 28 省（市、区）。其中，24 个站最低气温跌破历史极值。23 日极端事件监测数据显示，149 个气象站日最低气温低于−30 ℃，12 个气象站低于−40 ℃；其中内蒙古额尔古纳等 8 站日最低气温破极值。24 日，全国 295 个气象站发生极端低温事件；其中，陕西华山、山西汾西、山东日照、山东威海等 17 站日最低气温突破历史极值。

2020 年 12 月，受两轮大范围寒潮影响，12 月平均气温较常年同期偏低，为 2013 年以来同期最低。12 月 27 日白天起，入冬以来最强寒潮开始影响我国，中央气象台 27 日 6 时发布今年入冬以来首个寒潮黄色预警，中国气象局于 27

9 时启动重大气象灾害（寒潮）三级应急响应。2021 年 1 月 6 日至 8 日，从北到南狂扫中国东部大部地区的寒潮天气过程中，降温 8 ℃以上的国土面积达 250 万 km²，降幅 12 ℃以上面积达 40 万 km²；北京、河北、山东、山西、陕西等省份共计 60 个气象观测站的最低气温突破或达到建站以来的历史极值。在寒潮影响下，1 月 7 日，北京南郊观象台达−19.6 ℃，是 1967 年来最冷的一天，1951 年以来南郊观象台气温低于−19.6 ℃的天数只出现过 7 天。济南最低气温降低至−18.3 ℃，打破了当地 1 月上旬最低气温纪录，在 1951 年以来排第三冷，仅次于 1953 年 1 月 17 日（−19.7 ℃）、1951 年 1 月 12 日（−19.2 ℃）；天津最低气温也达到−19.9 ℃，破当地 1 月最冷纪录，也是 1967 年来天津出现的最低气温；呼和浩特在寒潮影响下出现−30 ℃的低温，这也是当地 1972 年以来最冷的一天；石家庄、郑州、银川最低气温低至−15 ℃、−11.1 ℃、−23.1 ℃，这也是近年来少见的。

这些极端寒冷事件的发生似乎跟寒潮变少有些许冲突。寒潮的减少并不表示它就不发生了，只要寒潮到来，就会带来剧烈降温，并伴随出现低温、大风、雨雪等天气，严重时，还会对社会生产生活造成影响和损害。

1949 年以后，虽然我国农业生产力水平大幅度提高，抗灾能力增强，但是灾害对农产品产量仍然有很大的影响。"1989 年 4 月 10 日凌晨 6 时 15 分到 18 时 30 分，大名县突遭寒流袭击，气温降到−3 ℃，地表温度降到−4.4 ℃，8533 hm²麦田受到冻害，12 个乡受灾较重，受灾面积达到 5533 hm²，其中有 2600 hm²绝收。5 月 12 日，崇礼、阳原两县 19 个乡镇 100 个村遭受霜冻灾害，受灾面积 1257 hm²，有 667 hm²农作物被冻死，受灾作物为胡麻、瓜菜、玉米、谷黍等。8 月 21 日，张北县霜冻，1.9 万 hm²农作物全部冻死。9 月 19 日，宣化县气温降至−4 ℃，27 个乡镇 5 万 hm²秋作物受灾，4.5 万 hm²成灾，减产 50%～80%，绝收 2.1 万 hm²。"1993 年 4 月发生的低温冻害，使河北全省受灾面积达到 146.7 万 hm²，81.3 万 hm²成灾，损失 0.3 亿 kg，主要受灾区分布在石家庄、廊坊、邯郸、保定、衡水、沧州等地，其中果树受灾 1066.7 hm²，共计 66 万株，减产 50%以上，造成的经济损失有 8000 多万元；11 月全省大部分地区出现了强降温天气过程，大白菜等蔬菜受害严重，仅邯郸就有 6666.7 hm²蔬菜受到了不同程度的危害，全市预产有 4 亿多千克大白菜，抢运到家的约占 30%，就地上垛的约有 60%，约有 10%被大雪埋在地里；无覆盖物的受冻叶已达六七成以上，未收被雪埋的已基本冻透。

霜雪低温灾害不仅对农业生产有较大的破坏作用，而且对畜牧业的危害也很严重。对牧区而言，频繁发生的霜雪低温灾害导致数以万计的牲畜死亡，严重影响当地畜牧业发展。霜雪低温灾害的频繁发生会影响社会生产力的发展，是影响广大农民生活水平的重要原因。霜雪低温灾害严重年份会发生冻死人和牲畜事件。即使是在现代生产力水平较高的情况下，也难以幸免，"1990年3月20日，由于受冷空气影响，张家口、承德、保定等地市15县冰雪成灾。围场、丰宁、蔚县、涞源等县因雪灾冻死大牲畜1795头，羊37812只，家禽300余只"。

由霜雪低温灾害引起的其他灾害，直接影响当地社会经济的发展，破坏已有的繁荣。寒潮天气过程出现时产生的低温冻害、大风、积雪，也常会使铁路路轨冻裂，影响交通，冻坏室外的各种设备和各种输送管道，酿成事故。寒潮大风天气不仅会影响航运安全，还会毁坏建筑、刮断电线等，影响通信畅通和电力供应，干扰人们正常的生产和生活。霜雪低温灾害的发生会导致道路拥堵、出行不利等情况。随着经济不断发展，交通工具和交通流量在增加的同时，交通事故也在增加，给人们生产和生活带来了灾难。例如，"2000年1月11—12日京津冀地区出现了近十多年少有的大雪过程。邢台、石家庄、保定等地降雪较大，石家庄市区降暴雪。石家庄西南部降雪量达10.0～14.0 mm，雪深超过12.0 mm。受降雪的影响，本省境内各大高速公路除京沈线外全部封闭；石家庄火车站有48趟过路车晚点，延误最长的达23小时；石家庄机场有去上海、广州方向的两班出港航班延误。雪天路滑，摔伤者众多。1月5—10日仅唐山市第二医院就收治因路滑摔伤病人172例；1月11日石家庄人民医院接待了15例摔伤病人，仅11日上午省三院骨伤科门诊就接待了近30位因路滑摔倒骨折的患者。"

华北是我国冬小麦及其他经济作物的主要产区。据观测和统计资料表明，每年因初、终霜冻异常造成的经济损失颇为严重。例如，1968年和常年相比，北京地区初霜日期提早14 d，终霜日期推迟27 d，冬小麦平均每亩减产40～50 kg；同年河北省初霜日期平均提早6 d，终霜日期平均偏晚12 d，致使全省冬小麦平均亩产减少15 kg。又如，1987年5月初发生于河北、山东严重偏晚的终霜冻，使得河北省冬小麦平均每亩减产15～20 kg；山东省潍坊、临沂等13个市/县影响尤为严重，结果仅这两地就有100多万亩小麦、棉花作物受冻害。

新中国成立70年来，各种自然灾害频发，造成严重的损失。70年来，在重大灾害应对中，党和政府扮演着重要角色，领导全国人民战胜了一次次重大自然灾害，探索出具有中国特色的灾害应急管理模式，积累了丰富的灾害应对经验。按照新中国成立以来的不同历史时期的发展状况、自然灾害的发生情况、应急管理方式的发展变化，将70年来我国灾害应急管理历程大致划分为3个阶段。

第一阶段（1949年10月—1978年12月），期间发生了若干次重大的自然灾害：1950年7月的淮河大洪灾，1954年7月长江中下游地区百年不遇的特大水灾，1963 年 8 月的海河大洪灾，1966 年 3 月的邢台大地震，1975 年的河南大洪灾，1970 年 1 月的云南通海地震，最严重的是 1959—1961 年发生的三年严重自然灾害和 1976 年 7 月的唐山大地震，造成巨大的人口死亡及财产损失。

新中国成立初期，灾害应急管理主要采用战争时期"生产自救"的做法。在党的"一元化"领导体制下，实行抗灾救灾应急动员，采用群众运动的方式开展抗灾救灾工作，有效地实现了包括军队在内的全社会力量的广泛参与。1956 年，中央救灾委员会成为减灾救灾领导机构，在国务院领导下主管全国救灾事宜。国家地震局、水利部、林业部、中央气象局、国家海洋局等部门成立了专业救援队伍，各部门独立负责各自管辖范围内的应急管理。中央和地方根据灾情成立了若干临时性的灾害应急机构，如 1971 年 6 月中央成立了防汛抗旱指挥部；1976 年唐山大地震发生时，中共中央立即成立了抗震救灾指挥部，国务院成立了抗震救灾办公室，河北成立了抗震救灾前线指挥部、抗震救灾后勤指挥部等应急机构。"一方有难，八方支援"的思想在应对唐山大地震的过程中得到充分体现，几天内就有 24 个省、直辖市、自治区向灾区派出了抢险人员和医疗队，全国 29 个省（市、区）都提供了大量的物资支援，海陆空三军出动大批人马奔赴救灾前线。军队发挥了更为重要的灾害应急作用，军事化的指挥部署保证了灾害应急管理的效率。1978 年，湖北省实行的"对口支援"等区域合作方式得到应用。

第二阶段（1979 年 1 月—2008 年 4 月），期间发生的重大灾害主要有 1978 年到 1983 年的北方连续大旱，1998 年长江中下游的特大洪灾，2003 年"非典"引发的重大公共卫生事件等。

1989 年，全国性的灾害应急管理机构包括国家计委安全生产调度局、民政部救灾救济司、国家地震局灾害防御司等。1991 年 7 月，国务院设立全国救灾工作领导小组，办公室设在国务院生产办公室。临时性的灾害应急领导机构有国务院抗旱领导小组、国家防汛总指挥部（办事机构设在水利部，后改名"国家防汛抗旱总指挥部"）。我国的救灾工作与国际接轨，在联合国倡导的"国际减灾十年"活动推动下，于 1989 年 3 月成立了中国"国际减灾十年"委员会，2000 年 10 月更名为中国国际减灾委员会，2005 年 4 月，更名为国家减灾委员会。

2003 年"非典"事件，是新中国成立以来我国发生的首次大型公共卫生事件。以此为契机，开始进入系统全面推进应急管理体系建设的新阶段，全面启动了以"一案三制"为核心的应急管理体系建设。2006 年，国务院颁布的《国家自然灾害救助应急预案》《国家突发公共事件总体应急预案》，标志着我国灾害应急管理工作走向规范化。2006 年 4 月，国务院应急管理办公室及随后成立的地方应急管理办公室,成为我国应急管理体系的重要组成部分,也是国家综合性应急体制形成的重要标志。全国初步形成了"统一领导、综合协调、分类管理、分级负责、属地管理为主"的应急管理体制。

第三阶段(2008 年 5 月以来),2008 年 5 月 12 日发生的汶川特大地震,是我国全面加强灾害应急管理工作的新起点。汶川地震发生十多年来,我国巨灾增多,人民生命和财产损失严重。2009 年初多省市发生极端旱灾,2009 年 11 月北方地区发生罕见暴雪,2012 年 7 月华北地区发生百年一遇特大暴雨,2010 年 4 月青海玉树县发生 7.1 级地震,2010 年 8 月甘肃舟曲县发生特大泥石流,2013 年 4 月四川芦山县发生 7.0 级地震,2017 年 8 月四川九寨沟发生 7.0 级地震等。

我国在灾害应急管理方面取得的进展如下:

(1)应急预案建设方面的进展。2011 年,首次修订《国家自然灾害救助应急预案》;2016 年,再次修订了《国家自然灾害救助应急预案》。2012 年,修订《国家地震应急预案》;2013 年,国务院办公厅出台《突发事件应急预案管理办法》。实现了应急预案编制从"类法律"规范向"类技术"规范的转变。

(2)应急管理法制建设方面的进展。2008 年修订了《中华人民共和国防震减灾法》;2010 年颁布《自然灾害救助条例》。2009 年 5 月 11 日,中国政府发布首个关于防灾减灾工作的白皮书《中国的减灾行动》。自 2009 年起,经国务院批准将每年 5 月 12 日设立为全国防灾减灾日。2013 年 11 月,提出"建立巨灾保险制度";2014 年 8 月,《国务院关于加快发展现代保险服务业的若干意见》正式发布,确立了"建立巨灾保险制度"的指导意见。28 个省份相继开展了巨灾保险试点工作,地震保险、洪灾保险、火灾保险、雹灾保险等多种灾害险种陆续推出。《国家突发事件应急体系建设规划(2011—2015 年)》、《中共中央 国务院关于推进防灾减灾救灾体制机制改革的意见》(2016 年)、《国家突发事件应急体系建设"十三五"规划》(2017 年)、《中国气象局关于加强气象防灾减灾救灾工作的意见》(2018 年)等相关政策文件相继出台,进一步使我国灾害类突发事件应急管理得到保障。

(3)应急管理体制建设方面的进展。2018 年 3 月,在原国家安全生产监督管理总局职责基础上整合多个部门的职责成立应急管理部,地方各级政府也在组建相应的应急管理专门机构,这是我国应急管理体制改革创新的重大突破和成果。政府应急管理职能机构的设立为应急管理体制的进一步优化夯实了基础,应急管理工作效率大幅度提高,防灾、减灾、救灾应急成本进一步减少,体现出一定的科学性和前瞻性,这也标志着我国开始迈入现代国家应急治理的新阶段。在基层应急管理体制建设方面,通过处理"高位介入"与"属地管理"的关系，属地政府的责任意识和行动能力得到有效激发，应急管理重心下移成效显著。如深圳市设立具有"大应急"性质功能的"深圳市突发事件应急委员会"。

（4）应急管理机制建设方面的进展。2009 年 9 月，泛珠三角的福建、江西、湖南、广东、广西、海南、四川、贵州、云南 9 省（区）签署合作协议，建立全国首个省级区域性的应急管理联动机制，为进一步推动我国应急管理区域合作积累了经验。此外，首都北京地区、长三角区域、晋冀蒙六城市、陕晋蒙豫四省区等地的应急管理联动机制建设也取得一定的成效。在 2008 年汶川大地震应急管理过程中，对口支援全面开花，成为中国式灾害应急管理的成功经验。

（5）科技支撑灾害应急保障能力进一步提高。近 10 年来，科技与应急管理相结合，在提高我国防灾、减灾、救灾的基本能力和效率方面发挥了重要作用。在国家政策和社会需求的双向驱动下，全国各省市积极构建应急科技支撑体系。2008 年，广东省科学技术厅联合广东省人民政府应急管理办公室成立广东省突发事件应急技术研究中心，并陆续在各科研院校成立相关子中心。截至 2015 年，该研究中心下属共有 25 个子中心致力于防灾减灾、自然灾害、社会安全等方面的研究。将"大数据""互联网＋"引入我国应急管理平台体系中，构建了多类型多层次的平台体系，相继成立了国家应急广播中心平台（2013 年）、国家预警信息发布中心平台（2015 年）。

（6）灾害应急管理的重点和难点在基层，涉及广大社区、企事业单位和个体公众，量大面广。社会组织、社区、公众等多元主体协同参与是应急管理行之有效的最好方式。在"非典"和汶川地震应对中，多元主体协同参与的格局初步形成，改变了我国"强政府，弱社会"的应急模式。由社会公众组成的各类志愿者组织表现尤为突出，是我国灾害应急救援过程中的一支重要社会力量。志愿服务的地方立法及其实施经验，为国家层面的专门立法提供了有利条件。以志愿者组织为代表的社会组织参与应急管理的影响力逐渐增强，多元主体参与格局大大改善。社区层面，利用各类媒介，向社区居民加强应急知识的科普宣传，提高社区居民对灾害应急工作的理解和实战水平，形成"人人懂安全、人人促安全"的良好氛围，塑造社区灾害应急管理文化。2010 年 5 月 12 日，我国第二个"防灾减灾日"的主题就是"减灾从社区做起"；2017 年 5 月 12 日，我国第九个"防灾减灾日"，主题是"减轻社区灾害风险，提升基层减灾能力"；2020 年 5 月 12 日，我国第十二个"防灾减灾日"，主题是"提升基层应急能力，筑牢防灾减灾救灾的人民防线"。社会公众层面，从不同维度，以不同形式强化社会公众的防灾减灾、自救互救意识，普及推广全民防灾减灾知识和避灾自救技能，对公众开展应急科普教育和宣传工作。2011 年 5 月 12 日，我国第三个"防灾减灾日"的主题就是"防灾减灾从我做起"；2018 年 5 月 12 日，我国第十个"防灾减灾日",主题是"行动起来,减轻身边的灾害风险"。

此外,我国对海外灾害援助的态度发生了变化,从过去的拒绝国际援助转变为主动接受,制定了接受国际灾害援助的标准。在动员社会非政府组织、公众参与灾害救助以及捐助方面,也取得了可喜的进步。

总之,加强近六百年华北地区霜雪灾害与寒冷气候事件研究,发现灾害发生的规律、特征和机理,根据全球气候变化的不同背景,对灾害进行预警、预判可能造成的风险和损失,做好相关的灾害应急预案,才能有效地降低、减少极端气候灾害事件对社会、经济的发展带来的冲击。这不仅是科学研究和政府决策的问题,更关乎民生,关系到每一个公民的福祉。自然灾害,主要是由自然因素引发的,但人类活动的影响不容小视,人文因素甚至起到决定性的主导作用。正如恩格斯所说:"我们不要过分陶醉于我们人类对自然界的胜利。对于每一次这样的胜利,自然界都对我们进行报复。"因此,对于自然灾害的防范,我们并非完全无所作为,坚持生态文明建设,实现人与自然的和谐发展,无疑有助于减少自然灾害、降低灾害风险。对于不可避免的自然灾害,通过加强灾害应急管理体系建设,提高防灾、减灾、救灾能力,以最大限度地减少灾害造成的人员伤亡和财产损失。

参考文献

卜慕华，1957.1953 及 1954 年山西省小麦春霜冻害的调查研究［M］.北京：财政经济出版社.

陈乾金，张永山，1995.华北异常初终霜冻气候特征的研究［J］.自然灾害学报，4（3）：33-39.

丁一汇，2008.中国气象灾害大典·综合卷［M］.北京：气象出版社.

冯佩芝，李翠金，李小泉，等，1985.中国主要气象灾害分析（1951—1980）［M］.北京：气象出版社.

高英霞，孟万忠，魏靖宇，2020.明代河南自然灾害与粮食安全研究［J］.忻州师范学院学报，36（4）：67-71.

郭其蕴，王日昇，1990.东亚冬季风活动与厄·尼诺的关系［J］.地理学报，45（1）：68-77.

郭其蕴，1994.东亚冬季风的变化与中国气温异常的关系［J］.应用气象学报，5（2）：218-224.

郝小刚，孟万忠，王亚辉，2017.明代河北地区霜雪低温灾害时空变化［J］.防灾科技学院学报，19（4）：96-102.

郝小刚，2018.1368—1911 年山东霜雪低温灾害时空变化研究［D］.太原：太原师范学院.

李晓燕，翟盘茂，2000.ENSO 事件指数与指标研究［J］.气象学报，58（1）：102-109.

李晓燕，翟盘茂，任福民，2005.气候标准值改变对 ENSO 事件划分的影响［J］.热带气象学报，21（1）：72-78.

马柱国，2003.中国北方地区霜冻日的变化与区域增暖相互关系［J］.地理学报，58（增刊）：31-37.

孟万忠，刘晓峰，2012a.1368—1948 年山西霜雪灾害的特征与周期规律研究［J］.灾害学，27（4）：80-84.

孟万忠，刘晓峰，王尚义，等，2012b.1949—2000 年山西高原低温冷害特征及小波分析［J］.中国农学通报，28（35）：251-256.

孟万忠，刘晓峰，王尚义，等，2012c.近百年山西霜雪灾害时空特征研究［J］.

地理研究，31（12）：2292-2299.

孟万忠，赵景波，王尚义，2012d. 山西清代霜雪灾害的特点与周期规律研究
　　［J］. 自然灾害学报，21（4）：40-47.

孟万忠，王尚义，赵景波，2013.ENSO 事件对山西近 60 a 来气候的影响研究
　　［J］. 中国沙漠，33（1）：258-264.

孟万忠，赵景波，2014. 近六百年来山西气象灾害与气候变化［M］. 北京：中
　　国社会科学出版社.

孟万忠，高英霞，孟佳颖，等，2019.1912—2016 年内蒙古地区霜冻灾害研究
　　［J］. 地域研究与开发，38（5）：159-163.

孟万忠，魏靖宇，孟佳颖，等，2020.1912—2016 年内蒙古雪灾的特征与周期规
　　律研究［J］. 地域研究与开发，39（2）：122-126.

钱锦霞，张霞，张建新，等，2010. 近 40 年山西省初终霜日的变化特征［J］.
　　地理学报，65（7）：801-808.

史俊东，张建诚，许爱玲，等，2010. 晋南低温与霜冻发生规律及其对棉花生产
　　的影响［J］. 山西农业科学，38（3）：30-33.

王绍武，叶瑾琳，1995. 近百年全球气候变暖的分析［J］. 大气科学，19（5）：
　　545-553.

王绍武，1990. 公元 1380 年以来我国华北气温序列的重建［J］. 中国科学（B
　　辑）（5）：553-560.

王亚辉，孟万忠，郝小刚，2017.1949—2014 年京津冀地区霜雪低温灾害时空变
　　化［J］. 防灾科技学院学报（3）：44-51.

王亚辉，2018.1912—2014 年京津冀地区霜雪低温灾害研究［D］. 太原：太原
　　师范学院.

魏靖宇，2020. 清代河南自然灾害对粮食安全的影响［D］. 太原：太原师范学
　　院.

张德二，薛朝辉，1994. 公元 1500 年以来 El Nino 事件与中国降水分布型的关
　　系［J］. 应用气象学报，5（2）：168-175.

张丕远，龚高法，1979. 十六世纪以来中国气候变化的若干特征［J］. 地理学
　　报，34（3）：238-247.

赵丽，孟万忠，2018.1912—2000 年山东极端低温气象灾害空间分析［J］. 防灾
　　科技学院学报，20（4）：77-83.

赵丽，魏靖宇，孟万忠，2019.1985—2012 年山东霜冻低温灾害与粮食生产格局
　　时空研究［J］. 农业灾害研究，9（2）：32-35.

赵丽，2019.1912—2012 年山东农业气象灾害影响下的粮食生产时空变化研究

［D］. 太原：太原师范学院.

中国科学院大气物理研究所，中国科学院，国家计划委员会，等，1997. 中国气候灾害分布图集［M］. 北京：海洋出版社.

中国气象局，2007. 中国灾害性天气气候图集［M］. 北京：气象出版社.

周丽，孟万忠，2017. 清代河北霜雪低温灾害研究［J］. 湖南科技学院学报（2）：52-56.

周丽，2018. 清代直隶霜雪低温灾害特征分析［D］. 太原：太原师范学院.

竺可桢，1973. 中国近五千年来气候变迁的初步研究［J］. 中国科学（2）：168-189.

BONSAL B R，ZHANG X，VINCENT L A，et al，2001. Characteristics of daily and extreme temperature over Canada［J］. J. Climate，14：1959-1976.

bROOKSA S J，bIRKS H J B，2001. Chironomid-inferred air temperatures from Lateglacial and Holocene sites in north-west Europe：Progress and Problems［J］. Quaternary Seience Reviews，20：1723-1741.

CALKIN P E，WILES G C，BARCLAY D J，2001. Holocene coastal glaciation of Alaska［J］. Quatemary Seience Reviews，20：449-461.

EASTERLING D R，2002. Recent changes in frost days and frost-free season in the United States［J］. Bull Amer Meteor Soc：1327-1332.

ESPER J，COOK E R，SCHWEINGRUBER F H，2002. Low-frequency signals in long tree-ring chronologies for reconstructing past temperature variability［J］. Science，295 (5563)：2250-2253.

IPCC，2014. Climate Change 2014 Synthesis Report［EB/OL］. 2014-11-02［2021-10-20］. http：//www. ipcc. ch/

PAULSEN D E，LI H C，KU T L，2003. Climate variability in central China over the last 1270 years revealed by high-resolution stalagmite records［J］. Quaternary Science Reviews，22：691-701.

TYSON P D，KARLEN W，HOLMGREN K，et al，2000. The Little Ice Age and medieval warming in South Africa［J］. South African Journal of science，96：121-126.

WINTER A，ISHIOROSHI H，WATANABE T，et al，2000. Carribean sea surface temperatures：Two-to-three degree cooler than present during the Little Ice Age［J］. Geophysical Research Letters，27：3365-3368.